LOCUS

LOCUS

touch

對於變化，我們需要的不是觀察。而是接觸。

Touch 71
廣告與它們的產地：
東京廣告人的台日廣告觀察筆記

作者｜東京碎片（uedada）
責任編輯｜陳柔君
校對｜劉亦宸
美術設計｜許慈力
排版｜簡單瑛設
圖像素材｜ PIXTA

出版者｜大塊文化出版股份有限公司
105022 台北市南京東路四段 25 號 11 樓
www.locuspublishing.com
服務專線｜ 0800-006-689
電話｜（02）8712-3898
傳真｜（02）8712-3897
郵撥帳號｜ 1895-5675 戶名／大塊文化出版股份有限公司

法律顧問｜董安丹律師、顧慕堯律師

總經銷｜大和書報圖書股份有限公司
地址｜新北市新莊區五工五路 2 號
電話｜（02）8990-2588

初版一刷｜ 2021 年 9 月
定價｜新台幣 450 元
ISBN ｜ 978-986-0777-34-5
Printed in Taiwan

廣告與它們的產地

東京廣告人的台日廣告觀察筆記

AD-VENTURE IN TAIWAN & JAPAN

東京碎片
uedada——著
歐兆苓——譯

推薦序

這不一樣，有意思捏。

盧建彰（廣告導演）

◉帝王蟹

我入行的第一年，是在日本電通集團的國華廣告。電通集團作為日本市場最大的廣告公司，媒體市占率極高，是世界第一大單一廣告公司，每年會針對旗下的作品，做出評選，稱之為「電通賞」。

而榮獲電通賞的優秀作品，會到世界各個分公司做講座賞析，由專業人士翻譯並進行精采深度的講評，讓全世界的不同國家成員彼此對話，討論那一年裡最好的集團內作品。

我一來不是本科系畢業，對廣告懵懂，二來又是全世界最菜的廣告新鮮人，結果，因為主管被指派負責這個電通賞而有機會參與。在當時，這是個難得的榮譽，因為電通集團光在台灣，就有好幾家公司，而且個個表現也都還不錯，彼此處於一種微妙的競爭關係，也就是說，大家都在看。

那時需要電通賞在台灣宣傳的一個主視覺和標題，我的廣告生涯才剛起步，第一年只有在時報廣告獎裡拿到一個佳作，正處在一個問題比答案多的階段，被叫來寫這個案子的文案，心裡當然忐忑，又覺得興奮。

後來，我們做的是，在一個全白的背景裡，放了一隻巨大的帝王蟹，看起來非常豐盛，而且因為那隻帝王蟹是全紅的，在那背景中，你遠看，就像日本國旗。帝王蟹的肉質滋味鮮美，是極為高級的料理，當然也是台灣人對日本的印象之一，這張稿子夠明確，不必太多言語。

廣告應該是要讓要對話的對象有感受，有時追求不言而喻，有時追求言之有物，有時又追求意在言外。

我讀了眼前這本書，覺得就彷彿是新鮮直送的帝王蟹，滋味多樣，文筆平易近人，邀人大快朵頤。

◉拉麵不是日本正統食物？

或許是養成的不同，作者有很多想法跟我不一樣。但我近幾年常覺得，與人對話，閱讀書籍，在可能的狀態裡，可以盡量找和你想法不太一樣的，那對你少得可憐的時間來說，或許比較實用，當然，也可能比較有趣味。

在閱讀期間我一直喊著，「欸？真的嗎？哈哈哈啊」，我妻覺得我好像神經病一樣。

比方說，拉麵。

你問每一個台灣人，大家對拉麵的印象是什麼，十個應該有十個會說日本，而且台灣人去日本玩，一定至少會吃一碗拉麵。可是，作者說，日本人到現在還是無法把拉麵當成是日本的正統食物，他們認為拉麵是屬於中國的。也因此，日本的泡麵廣告，就算是拉麵，也不會把它做到一種需要嚴肅以對，當作經典美食的高度。

台灣的泡麵品牌「拉麵道」，可是整支廣告片全日語發音，而且在日式的禪意枯山水中，由一位穿著寬大衣襬彷彿川久保玲服裝的女子，以巨大的毛帚，在地上畫著意念十足的沙畫，全片核心的創意語言大概就是極度的日本文化吧。

結果，日本人不認為拉麵是他們的正統食物，我整個拍手叫好，謝謝作者給了我如此強烈的認知衝擊。哈哈哈，實在暢快呀！

◉日式品牌風在台大受歡迎

我有個朋友正在台大讀研究所，他說台大有個學生的交流版，規定只能張貼和台大有關的事物，於是，奧運期間，你就會看到許多標題是這樣的貼文「全台大多數人都在為李智凱加油」、「全台大加油林昀儒鄭怡靜奪得銅牌」。

哈哈哈哈，我覺得，台灣的大家都好有創意噢（所以我也試著寫一個類似的副標題）。

其實，我自己就操作過幾個以濃厚日本風味作為賣點的品牌案例，除了銷售有極佳成績外，也在廣告獎項上有所斬獲。

那時在做麗仕，我們做的是JP NO.1，因為麗仕洗髮精在日本市場十年銷售第一，所以我們在台灣就做了一系列以日本為主題的行動。比方說，我們做了很多明信片，你會在你家收到，而收件人是你，畢竟是明信片，所以你當然會好奇地看上頭寫了什麼，結果發現是個叫立文的女生去日本東京讀書，她發現日本女生都是用麗仕洗髮精，跟我們台灣很不一樣，還問說要不要批一些去賣；另外也有日本女孩來台觀光，她的行李箱不小心在路上被碰到而打開，掉了一地的麗仕洗髮精，原來她要買回去當伴手禮。這個作品後來的到整合行銷類的銀獎，金獎從缺。

我還做過馬自達，這個汽車品牌在台灣一直以日本精緻人文精神為品牌的操作核心，影片幾乎是全日文發音，日系氣味濃厚外，之前我們甚至會講究到必須連馬路號誌、車牌都換成日本的，在製作上非常講究細節。

其中有一支「狗狗篇」的廣告，你會看到一隻狗叼著紙箱子，爬過天橋，走過漫長的道路，經過小溪，穿過小巷，也在快速道路旁安靜地走著。從白天到黑夜，又從黑夜到白天，累了就在個日本居酒屋前休息，有人出來，他趕緊爬起又叼著那個紙箱子走。終於，他看到一戶人家停下了腳步來，他走了過去，把箱子放下。隔天天亮，從這戶人家的一個孩子背著日本小學生的書包，興高采烈地出門上學，西裝筆挺的爸爸跟在身後，準備開車，孩子往前發現，車輪旁有個箱子，探身一抱，是隻小狗狗，遠處那大狗狗遠遠地望著，這時，字幕出現「誰都會覺得你是個好爸爸」。你才意識到，原來狗狗一路尋找托孤的對象，而他判斷的標準是車子，願意開 MAZDA5 這台車的，就是好爸爸，值得託付。這個作品也拿到交通類的金獎。

可見，在台灣談日本，是有吸引力的。

不過，很有趣的是，在日本他們不會做相同訴求，馬自達在世界各國其他市場，做的都是談開車時的快感，充滿年輕感。至於麗仕洗髮精是談麗仕世界之星，主要以好萊塢明星代言為主。

換句話說，廣告在做的是文化，而文化差異，就會帶來品牌操作上的極大差異。

◉社會學的深刻觀察

我在讀這本書時，深深感受到作者是位非常厲害的社會觀察家，他不單只是比較我們廣告人一般會重視的得獎廣告而已，對於大眾化的廣告有更多著墨，無論是藥品、飲料、泡麵廣告，都有非常精彩的觀察，同時又充滿了好奇心，並且有高度的動力去考察，非常有趣。

更棒的是，他也會就同品項的廣告作品在日本文化中代表的意義，提出精緻的洞見，這對我這種喜愛理解新事物的人來說，根本是超級喜歡。

請讓我多說一句，雖然有人說陽光底下沒有新鮮事，但那說的是上帝眼中喔。作為平凡的人類如你我，卻又希望可以用創意改變這世界，你當然必須要好好感受那股不同的思潮。

台日友好，不單是在國民交往，其實在文化創意上的學習與理解，也非常重要。我感到作者的慷慨，也期待你享受這份創意上的慷慨。

創意就是在想法上不一樣，而這不一樣，有意思捏。

飲食 1

吃貨在意的其實是……

健康

2 政策與保健觀念有關嗎？

生活

3 為了更美好的人生？

交通

4 不只是代步

編輯說明：

本書提及之關鍵廣告在編輯上雖盡可能隨文附上 QR code 供讀者參閱，但由於網路資料更迭快速，無法確保廣告影片的閱覽期限。因此除了紙本之外，另製作一份可定期維護資料的廣告清單，歡迎讀者對照使用：

前言

每逢周末就泡在 YouTube 上的這幾年

どうも（你好）[1]。我是東京碎片（uedada），是一個在廣告業界工作的日本人。

我的本業是廣告文案，因為對中文有興趣，從十幾年前開始經營把日本廣告介紹給台灣人的部落格。我將部分內容整理成冊，在台灣出版，後來又因為這個契機，陸續出版了有關日本社會在三一一震災後的變化，以及透過各種日本製品說明「日式思維」的書，還曾經在台灣的雜誌和網路媒體撰寫專欄。而這次，我以比較台灣和日本的廣告作為主題。

一個好的廣告，會在考慮到當時的社會狀況、大眾的想法和行為傾向的前提

1 どうも（doumo）：除了「你好」之外，還能用來表達「謝謝」、「不好意思」、「再見」等等，是很方便的一句話。

下，精心設計出能夠吸引目標客群的台詞文案或視覺圖像。反過來說，只要仔細觀察廣告的台詞或表現手法，就能對當時的社會風氣或價值觀有初步的了解。我之所以會寫部落格介紹廣告，也是因為覺得這是個能夠將日本人的想法及生活文化，介紹給台灣人的獨一無二的方式。

因此，比較台灣和日本的廣告，應該也能發現雙方在思考模式、行為準則以及生活文化上的差異。當出版社向我提出這個企劃時，我真的很迫不及待，興奮得熱血沸騰！

但與此同時，我也有點煩惱，因為不知道人在日本的我，要用什麼方法才能研究台灣的廣告。雖然台灣在日本也很受歡迎，有很多介紹台灣觀光景點或飲食文化的書籍、網站，然而我卻從來沒看過專門介紹廣告的媒體或資訊。

不過，我得感謝自己生在這個時代。首先，絕大多數採用 B2C 行銷的企業，現在都有自己的網站或 YouTube、Facebook 等社群帳號。我到上面看了一下，發現他們不但大多都有上傳這幾年的廣告，還有很多專為網路行銷所設計的加長版廣告或微電影等精采內容。

而讓我覺得幫助最大的，是多數台灣廣告都有為台詞或旁白提供中文字幕。如此貼心的設計應該不是為了像我這樣的外國人，而是多虧了台灣人的影視觀看習慣吧。但拜此所賜，除了可以正確理解廣告的內容之外，我還趁機學到了很多新知識。

話雖如此，觀察廣告著實是一件辛苦的差事。廣告人這種生物基本上都嚮往能做出前所未有的表現，因此即使找到一、兩支引人矚目的廣告，也不見得就代表那個國家的人有這種觀念或文化；倒不如說，真正需要做的，反而是找出多數廣告的共通特色，再從這些地方比較台灣和日本的差異，其實是很不起眼的工作。偶爾會有一些有趣的日本廣告，因為登上台灣的媒體版面而引發話題，不過在本書當中，這種類型的廣告也許是少數。

而且令人頭痛的是，廣告這種東西有可能會在某個時間點，突然大幅更改表現手法或宣傳內容。比方說，當商品銷量不佳時，廠商會臨機應變調整宣傳內容或表現手法，企圖藉此打破現況。就算是大受好評的系列廣告，因為代言人的合約到期而換成新系列也是稀鬆平常的事。除此之外，社會風氣的改變也會影響消費者的心理，導致原本的廣告失去魅力、需要換新的情況也屢見不鮮。

因為這些原因，我花了四、五年的時間撰寫本書（當初收到企劃時，出版社還問我：「一年左右可以交稿嗎？」想來真是臉上無光啊）。還發生過好幾次在把查好的資料整理成文章後，卻發現廣告傾向出現變化，只好再重新查資料補充的情況。我在書中介紹的廣告主要來自於二〇一五年左右到二〇二一年初的這段期間，但是當你們讀到這本書時，實際看到的廣告說不定已經完全不同了。

不過，就像我一開始說的，廣告的表現手法或內容，一定程度反映了當時的社會情勢或民眾的情緒、志向等等，因此毋庸置疑的是，這本書至少從某個角度記錄了台灣人與日本人在二〇一〇年代後半期的情緒和行動。

因此，從接到本書的企劃開始，連續好幾年的周末，我都是在打開 YouTube 和 Facebook 之後，泡在各家企業的廣告裡度過的。

欣賞這些廣告時，我時常會因為演算法的「推薦」，無意中瀏覽了賺人熱淚的外國廣告或各國廣告錦集而看到入迷。要是一直為了這些影片分心，就會拖延到工作進度，因此我總是只看一下下就馬上切回台灣或日本的廣告，連續好幾年不斷重複這樣的循環。

而我只要一想到在眼前螢幕的另一端，充滿了存在於廣告形式的各國價值觀、習慣與文化，我的好奇心便蠢蠢欲動，難以自拔。希望可以藉由本書，將這份感受分享給讀者。

飲食

1

吃貨在意的
其實是……

咖啡——是喝氣氛的，還是喝提神的？

◉台北的幸福咖啡廳

我第一次和編輯開會討論這本書，是在台北信義區的某間咖啡廳。那間店很有質感，讓我不由得有點感動。

如果問我具體對哪些部分覺得感動，老實說，我想不太起來了。不過，我完全沒發現椅子坐起來太硬、周圍的聲音太吵、座位的光線太暗、咖啡的味道太淡等一般咖啡廳常見的問題。這種地方應該可以用「待起來很舒服」來形容吧。我

們在店裡絞盡腦汁開了兩個小時左右的會，但是比起開會，更像是在暢談自己興趣的感覺，讓人心曠神怡。

台灣咖啡廳的水準是不是很高啊？我這麼想著，回國後上網一查，果不其然！我在許多介紹台灣的網站或旅遊相關的部落格看到好幾篇推薦咖啡廳的文章。可惜了，雖說這次去台灣有很多事情要處理，但早知道就多去幾間咖啡廳了……。

後來，在東京有一場集結台灣新興創作者與新創品牌的雜貨展售會，我在那裡發現，介紹台灣高級茶葉的展示櫃旁，特地設置了一個咖啡器具的展示區，每一件器具的設計和功能都相當講究，想來應該是一個少人數的團隊為了興趣而製作的吧。

和日本人相比，我覺得台灣人似乎更重視喝咖啡，以及在咖啡廳度過的時光。

◉日本的咖啡熱潮

我的意思倒不是在日本比較少喝到咖啡的機會，就我的觀察，其實供應咖啡的商店逐年增加，對咖啡的關注度也與日俱增。速食店開始強調咖啡的品質，超商把現磨現沖的咖啡機作為標準配備，咖啡師這個職業備受矚目，咖啡拉花的人氣在社群網站上居高不下。

此外，店家擁有的咖啡師用親自挑選的咖啡豆，在自家烘焙，再由咖啡師現泡一杯獨一無二的咖啡——這種「第三波咖啡浪潮」從美國傳入日本，採用此概念的咖啡廳也如雨後春筍般一家接著一家開。在這樣的風氣之下，應該也有不少日本人喜歡上喝咖啡的時間、空間與咖啡文化，並且樂在其中吧。

可是，如果比較台灣和日本與咖啡有關的廣告，我們不得不承認雙方對咖啡的看法截然不同。

◉台灣咖啡的自由世界

觀察了一些台灣廣告以後，我發現它們的目標客群不分男女，情境從日常生活到超現實的設定都有，類型相當多元。

以日常生活為背景的廣告大多是不會讓人感受到生活壓力的休閒時光。在伯朗咖啡的廣告裡，一群年輕人在野餐、兜風或派對等各種聚會上暢飲罐裝咖啡；或是有兩名年輕女子在整理完庭院之後，泡一杯三合一咖啡休息片刻（二〇一六、二〇二〇年等）。

在韋恩咖啡的廣告裡，時尚設計師陳劭彥（二〇一五年）和活躍於多種領域的設計師蕭青陽（二〇一八年）趁著準備大型企劃的空檔，在工作現場心滿意足地品嘗罐裝咖啡。貝納頌二〇一四年的廣告，演員張孝全和資深藝人張菲站在海邊，拿著罐裝咖啡探討人生；二〇二〇年的版本則是一位極地探險家看著極光熱淚盈眶，同時又為了罐裝咖啡的滋味感動不已。

在質感表現上也是以營造出有別於現實世界的場景居多。伯朗咖啡二〇一九年的廣告將咖啡產地——巴西和衣索比亞的風情，以及咖啡豆的生產、製造過程拍得像是觀光宣傳影片，強調高級質感。貝納頌的廣告經常出現咖啡品質鑑定師，大部分是說著法文、日文或英文的外國人，而他們烘豆、品鑑咖啡和交換意見的工作地點則像是在歐洲的老舊廢棄紅磚倉庫裡，由藝術家打造的工坊一般的空間。

也有一些廣告把焦點放在「提神」這個實用功能上。韋恩咖啡二〇一六年的廣告讓梵谷、貝多芬及牛頓等偉人登場，描述「一杯咖啡造就偉業」的故事；隔年二〇一七的廣告則以「提神寶典」為題，介紹一些離奇秘訣，例如短時間劇烈運動讓心跳加速（心悸大戰），和吃芥末醬（是芥末日）等，再以介紹商品的

貝納頌
（2014 年）

「提神幹嘛這麼累　喝一口韋恩咖啡　立刻精神百倍」作結。這些廣告都結合了創意和玩心，再加上一點巧思。

◉ CITY CAFE 的咖啡哲學

7-ELEVEN CITY CAFE的廣告用很時髦的方式表現台灣人與咖啡的關係。他們找來演員桂綸鎂，以「在城市探索城事」為關鍵字，拍攝了各種不同主題的廣告。二〇一六年的廣告裡，桂綸鎂拿著紙杯裝的咖啡展開火車小旅行，向工作、男友等各種事物說再見；二〇一九年的廣告則是她拿著一杯冰咖啡邊走邊喝，對「三房兩廳就是更好的人生？」「百萬業績就是更好的工作？」這些社會常識提出質疑。咖啡就像是讓人們暫時逃避現實，享受個人時光的夥伴。

故事舞台還有或許是咖啡消費量之冠的辦公室，只不過咖啡出現的地方大多是角色在上班時間不由得出神，與自己對話的場景。在二〇二〇年的廣告當中，年輕上班族男女因為一些辦公室裡的小事，開始邊喝著咖啡邊自問自答：「偽裝

CITY CAFE
（2019年）

自己的心聲，是大人嗎？」「黑臉、白臉，何者正確？」「請計算，表面和心內話，誰輕誰重？」

CITY CAFE還在網路及報章雜誌上刊登與咖啡有關的詩和短篇小說「繪小說」，寫的是維護咖啡品質的幕後工作者們的故事。我最有印象的那篇小說描述一位做品評咖啡工作的年輕女子，在超商被一個年輕人用「要不要喝杯咖啡？」搭訕，她回答：「我一直在喝咖啡。」拒絕了對方。故事發展不是那種迎合廠商的「喝了某某品牌的咖啡後身心舒暢～」的慣用手法，讓我覺得十分有趣，感覺咖啡可以自由延伸出無限的想像空間。

◉日本人在咖啡追求的事物

另一方面，日本的咖啡廣告則有不同的傾向。

首先，絕大多數都是罐裝咖啡的廣告。各家廠商找來知名藝人當代言人，拍攝戲劇或短篇喜劇形式的廣告，這種固定模式已經維持了很長一段時間。

廣告的劇情和表現手法大多設計得詼諧逗趣，但大部分都脫離不了一個法則——那就是由介於二十幾歲到五十幾歲的男性飾演主角，並以他們的工作場景為主題。

其中最典型的例子是可口可樂GEORGIA罐裝咖啡廣告（二〇一四年～），這個系列請來三十幾歲的知名演員山田孝之代言，他打扮成木工、工廠作業員、海邊商店的店員、廚師、建築師、業務員、公園遊樂器材維修員、電視節目導播，甚至是間諜等各式各樣的人物，大約用十秒左右的時間呈現各行各業的酸甜苦辣後，在休息時間或下班後暢飲一口罐裝咖啡。

另外還有三得利BOSS從二〇〇六年開始播出的故事性系列廣告。代言人請到美國知名演員湯米．李．瓊斯（Tommy Lee Jones），設定上他是「來調查地球的外星人」，從事各種工作並觀察日本社會。起初他對日本社會抱持批判的態度，但是因為被一般民眾努力工作的模樣深深感動，最後一邊喝著罐裝咖啡，一邊吐露友善的感想。這裡出現的「一般民眾」同樣是各行各業的工作者，大多數為男性。

朝日飲料 WONDA 在二〇一六年請來三位不同年齡層的搞笑藝人（北野武、劇團一人、澤部佑）飾演同一間公司裡的同事；DyDo Blend 咖啡從二〇一八年開始請來安田顯、井浦新以及滿島真之介三位演員，飾演在宇宙工作的「地球防衛軍」，不過他們對話的內容卻像是在辦公室裡常見的情景。

不過，日本的咖啡廣告裡並不是完全沒有女性的身影。WONDA 在二〇一三年到二〇一四年找來女子偶像團體 AKB48 的成員，只不過她們的角色僅止於替不同年齡層的男星所飾演的上班族加油打氣，當男性在喝罐裝咖啡時，她們只是默默地在一旁看著而已。

這些廣告代表的是，在日本，罐裝咖啡被視為職場大叔的飲料；說得直白一點，罐裝咖啡的用途在於攝取其內含的咖啡因和糖分，也就是以提神和補充能量為目的。

WONDA
（2018 年）

◉換了包裝也還是工作上的夥伴

我記得日本以前也有與台灣定位相近的咖啡廣告。例如雀巢即溶咖啡（Nescafé GOLD BLEND）從七〇年代到二〇〇〇年代的廣告構成，是先以沉穩的影像和旁白介紹音樂家、小說家、導演及芭蕾舞者等知名藝術家的工作情景與個人藝術哲學後，再搭配他們在休息時與親朋好友品嘗咖啡的畫面；另外，過去也有像伯朗咖啡一樣，結合玩樂或出遊的場景，描繪平淡日常之外的精采時光的廣告。

然而不知從何時起，咖啡被定位成職場大叔上班前、休息時或下班後喝的「小確幸飲料」，這種情況應該和罐裝咖啡靠著街上或車站裡的自動販賣機普及開來脫不了關係。除了提神功效和糖分以外，隨處可得、便於攜帶、能夠馬上喝完等便利性贏得男性工作者的支持，所以廣告的取向才會因此定型吧。

雖然不時也會出現試圖跳脫這個法則的廣告，卻鮮少有持續播出或讓人印象深刻的例子。舉例來說，以前也曾經出現過好幾個以女性為目標客群的時髦咖啡品牌，可是大部分都只賣了一、兩年就停售了。

像 CITY CAFE 這種台灣的超商咖啡在日本也很受歡迎，特別是日本 7-ELEVEN 在二〇一三年開始販售的 SEVEN CAFE，營業額在幾年內大幅成長，甚至威脅到罐裝咖啡。只不過，這種類型的商品幾乎都不打廣告，頂多在商品換新包裝的時候宣傳一下。這或許是因為就算不宣傳，各行各業的工作者（尤其是上班族）也會購買，而且不容易開發其他客群的緣故吧。咖啡的販售方式就是如此僵化死板。

各大廠商似乎也對這種情況產生了危機感，並展開擺脫罐裝咖啡昔日刻板印象的行動。二〇一七年，五百毫升寶特瓶裝的大容量咖啡問世，廠商鎖定了一群年歲介於二十幾歲到三十幾歲，比較年輕、主要在辦公室工作的上班族，預期他們會把咖啡放在桌上邊工作邊喝，用一整天時間慢慢喝完。

最早販售這種咖啡的品牌是三得利的 BOSS。二〇一七年開始播放的廣告除了請到四十幾歲的堺雅人飾演公司主管，還找來杉咲花、成田凌以及諧星吉田有里等年輕藝人，以採用共享辦公室、視訊會議、育嬰假等新興 IT 企業的新型態工作環境作為廣告的故事背景（順帶一提，飾演外星人的湯米．李．瓊斯也會以出入公司的廠商或員工的角色出現）。

不過，他們喝咖啡的畫面最終還是跟和過去一樣，出現在工作中間的空檔，或是工作結束後的休息時間。

◉是庇護所還是燃料？

我找到一個可以代表台日對咖啡印象差異的廣告文案——出自二〇〇〇年代左右在台灣流行的雀巢咖啡廣告。

再忙，也要和你喝杯咖啡。

二〇一七年 CITY CAFE 的廣告也有類似的文案。每天上班都被時間追著跑的桂綸鎂，在短暫的休息空檔走到公司的屋頂上，喝杯咖啡，喘口氣，此時出現的廣告台詞是：

從時間，偷一杯咖啡的時間。

這句話和日本咖啡廣告的情境有點像又不太一樣。從「偷時間」這個說法可以看出，只有在喝咖啡時，主角的心才會脫離工作。

咖啡對台灣人來說是自己或與親密的人一起暫時逃離現實的「庇護所」；對日本人而言則是熬過現實的「燃料」。一個是為了維護自己身為人的尊嚴；一個是為了守護自己的市場價值。說得極端一點，這應該就是雙方之間的差異吧？

◉貼近生活的文化香氣

為什麼會有這樣的差異呢？

有一篇網路文章寫到，台灣的咖啡廳之所以有這麼高的水準，是因為台灣有根深蒂固的茶藝文化。原來如此，這或許是一個很重要的線索。

日本也有特有的茶文化，但這個文化實際上卻分化成兩個極端的世界。

CITY CAFE
時間篇

用綠茶製成的抹茶招待他人的文化——茶道，在數百年前發揮出讓不同身分的人們互相交流的功能。然而到了現在，嚴格的作法和規定拉高了門檻，宛如一般人無法輕易深入的傳統技藝。

而另一方面，用茶葉沖泡的日本茶則是在口渴的時候喝，或是搭配正餐、點心飲用，也就是以實用用途為主。即使有比較高級的日本茶，也是家裡準備給客人用的，不被當成興趣文化的一種。這樣說起來，日本的咖啡廳雖然有咖啡或紅茶，卻好像從來沒看過有日本茶的（不過最近經常看到抹茶甜點）。

雖然我對台灣的茶藝不甚了解，但是它應該不像日本的茶道那般有距離感，也不像日本茶一樣充滿生活感。在和日常生活略有不同的空間，喝著高級飲料閒話家常，台灣人的這種文化感受比日本人敏銳，而這種特質也反映在咖啡廳和咖啡上面。這樣一想，一切就說得通了。

我本身也很喜歡咖啡，但是和日本罐裝咖啡的廣告一樣，通常都是在早上或工作的空檔，把咖啡當成提神飲料在喝。下次去台灣時，我一定要事先查好不錯的咖啡廳，好好享受那裡的空間和時間。

啤酒——

是慶祝的暢快，還是慰勞的苦澀？

◉「人生的一番搾」

我知道在台灣也買得到日本的生啤酒「麒麟一番搾」，可是沒想到竟然還有台灣版的電視廣告。

實際一見，可以看出廠商花了很多心力製作。聽說二〇一七年的「人生的一番搾」系列還得過台灣的廣告獎。這個系列的代言人是吳慷仁和吳子霏，每支篇幅約三十秒～一分鐘。

台灣麒麟啤酒
人生一番搾

「好身手篇」應該是這個系列的第一支廣告。正在店裡吃飯的吳慷仁弄掉了一塊炸豬排，他立刻伸出筷子，漂亮地夾住撞到桌角、差點就掉到地上的豬排。此時插入旁白：「人生中，有許多獨一無二的時刻。這種時刻，就叫做『人生的一番搾』。」接著，他一臉得意地看著被他拯救的豬排，心滿意足地喝下啤酒杯裡的一番搾。

啊，沒錯！這種微不足道的喜悅很痛快吧？我也非常能理解他不由自主地擺出誇張的勝利手勢和想要乾杯的心情。

在「好默契篇」，吳慷仁與一名女子在餐廳裡，兩人的目光不經意地停留在座位的桌子上，接著異口同聲地說：「好想要木頭長桌……。」鏡頭瞬間拉近了兩人之間的距離。另外還有他向對方求婚，以及婚後生活的版本，讓人看了會心一笑。

此外，還有上司告訴他升官、夫妻一起搬到新家，以及在常去的酒吧遇到臭味相投的人等等，好幾種不同的版本。主角們在經歷某個日常生活中微不足道的成功以後，津津有味地喝著啤酒，藉此讓爽快的心情與啤酒的滋味產生連結。

雖然二〇一八年加入了一些喜劇效果和諷刺性的演出，但概念上仍然是大同小異。每一個版本的廣告都有這句旁白：

這一刻，即使微不足道，也值得引以為傲。

讓人覺得這種喜悅是不分國界的。

◉日本「好幸福！」的背後涵義

與此同時期的二〇一七年，日本的麒麟一番搾找來鈴木亮平、石田百合子、堤真一和滿島光四位知名演員代言，每部篇幅十五～三十秒的系列廣告。用啤酒象徵日常幸福滋味的構造和台灣的廣告很像，但仔細觀察，我發現啤酒的登場方式不太一樣。

「出差回來篇」是這個系列的典型代表。

鈴木亮平飾演的生意人從國外出差回來，在機場搭上計程車。本以為他要回公司或直接回家，沒想到他竟然穿過暖簾走進蕎麥麵店，大口喝下玻璃杯裡的啤酒說：

「**啊～好幸福！**」（這是該系列廣告共通的關鍵台詞。）

背景音樂是知名爵士樂曲〈棕色小茶壺〉（*Little Brown Jug*）的旋律，搭配鈴木亮平本人的歌聲唱著：

麒麟一番搾
出差回來篇

痛苦的長途旅程　沉重的工作都不算什麼／在日本等著我的　這一杯。

換言之，該系列廣告要傳遞的訊息是：在熬過痛苦、沉重的事情之後所喝到的啤酒是最好喝、最幸福的。其他版本的基本架構也都是如此，以比較詼諧的方式呈現，不強調痛苦和沉重的感覺，僅止於「稍微忍耐一下」的程度。

石田百合子的「高爾夫球篇」，飾演初學者的她和幾位朋友一起打球，可是推桿推了幾次都沒能進洞。她一邊向在一旁等待的朋友們和另一組人道歉，一邊又試了好幾次（雖然只是打好玩的，在這種情況下，很多日本人會感受到「造成他人困擾」的壓力）。不過在最後，她和朋友們一起暢飲一番搾，說出關鍵的那一句：「啊～好幸福！」

另外還有一個版本是滿島光獨自一人走進燒肉店大快朵頤。在十五秒的短版廣告裡，她只是配飯吃烤肉、喝啤酒；但是在三十秒的版本中，前面大概有三秒是她晚上背著大包包和檔案夾找餐廳的畫面，暗示下班後又累又餓的狀態。

除此之外，還有自己下廚做菜，或是聽著天婦羅店店長的長篇大論，遲遲找不到時機喝啤酒等等，主角總會經歷某種輕微程度的辛勞或忍耐。

◉微妙卻巨大的差別

比較台灣和日本的一番搾廣告，啤酒登場的過程有兩個很大的差別：

第一個差別是對「辛勞」和「忍耐」的描寫。

日本的廣告是用辛勞和忍耐作為題材的中心；而台灣的廣告雖然也有讓主角經歷辛勞，可是也有很多描述天降好運的版本，例如在回家路上撿到小狗，或是在酒吧遇到有相同音樂嗜好的人等等。也就是說，在台灣的廣告裡，主角的辛勞和忍耐並不是必要的元素。

另一個差別是喜悅與啤酒的關聯性。

在日本的廣告中，各種辛勞和忍耐都因為喝下美味的啤酒而得到回報，因此主角才會說出「好幸福！」這句台詞。換言之，沒有啤酒，幸福就無法實現。

反之，在台灣的廣告裡，主角在喝到啤酒前就已經遇見了「獨一無二的時刻」，喝啤酒只是在重新回味那份喜悅。

也就是說，日本的廣告把啤酒當成在努力過後給自己的犒賞或慰藉；而台灣的廣告則是用來紀念或慶祝降臨在自己身上的好運。台灣和日本兩國的啤酒觀應該就差在這裡吧。

有一個日本的慣用說法象徵了這樣的差別。日本人在喝下第一口啤酒之後會說：「啊～我就是為了這一杯而活的啊！」當然，這句話只是誇飾了對啤酒的熱愛，不過裡面包含了「因為有這杯啤酒，我才能忍受平日辛勞」的心情。

我問過一個台灣的朋友，台灣人在這個情況會怎麼說。對方告訴我的答案是：「喝第一口最爽啦！」果然還是聽不出辛勞或忍耐的語意。

◉台灣人一喝啤酒就開派對

我還看了其他的啤酒廣告，發現台灣有很多一群人暢飲啤酒的畫面。

以青島啤酒為例，在「電梯篇」（二〇一七年），王大陸和三、四個朋友搭乘的電梯忽然故障。他神色自若，把帶在身上的青島啤酒分給其他乘客。眾人喝了酒後，開始在電梯裡跳起像迪斯可的舞蹈。不知何時，電梯動了，並且在酒吧那層樓敞開門。酒吧裡的客人先是愣愣地看著一群人在電梯裡熱舞，接著王大陸笑著向他們發出邀請，所有人都跟著跳起舞來。

台灣啤酒出產的金牌台灣啤酒在「打對台篇」（二〇一八年）中，陳嘉樺和韋禮安的搖滾樂團為了和京劇劇團爭奪舞台而展開演奏對決，當樂團成員「喀擦」一聲打開啤酒罐後，雙方互相乾杯，才化解衝突，一起「逗陣ㄟ！」同台演出。

同品牌的「投影篇」（二〇一七年）則換成五月天登場。五位成員在大廈的頂樓喝起酒來，這時，四周的大樓窗戶上出現許多人乾杯的投影畫面，營造出彷彿是一大群人在開派對的感覺。

另外也有很多像是家庭聚會的場景，感覺啤酒是一種讓一群人熱鬧狂歡的飲料。青島啤酒的廣告標語「青島一開，心情就 High」也暗示了這點。

讓一群人很 High 的飲料——我想這應該就是典型台灣人對啤酒的印象。

◉日本人用啤酒談論人生

日本的廣告很少出現一群人喝酒狂歡的情況，大部分是一個人，頂多兩、三個人一起喝酒（每到年底會推出有聖誕節或忘年會場景的廣告，但這些是所謂的季節限定特別版）。

SAPPORO生啤酒的「黑標」從二〇一〇年開始推出的「大人電梯」系列，是複數人一起喝酒的代表例子。

在這個系列中，人氣演員妻夫木聰搭乘一座名為大人電梯的電梯前往各個樓層。在電梯停靠之處，有和該層樓相同數字（＝同年齡）的名人在等著他。他和對方兩個人一邊享受啤酒和餐點，一邊聊著大人的人生哲學。

二〇一八年夏天版，他在五十八樓遇見以《新世紀福音戰士》系列動畫而聞名的電影導演庵野秀明（五十八歲，以下皆為廣告播出時的年齡）。

妻夫木聰問他：「（作品）淺顯易懂很重要嗎？」庵野秀明則回答：「如果作品太好懂，看完就沒了；看不懂的話，觀眾才會因為『想要看懂』而採取行

SAPPORO 黑標
大人電梯
庵野秀明篇

動。」

我再介紹幾個其他的版本。拳擊手村田諒太（三十二歲），被問到最害怕的事情時，他說：「拳擊手內心的恐懼不是被擊倒，而是這件事在別人眼裡看起來的樣子。」

音樂家坂本龍一（六十四歲）對於「是否曾希望別人聽懂自己的音樂」這個問題，他回答：「『聽懂』只是人們的誤解，但是我覺得這樣就好。」

他們熱烈討論著諸如無法馬上回答的人生問答等話題。由此可以看出廠商的主張——在談論這些話題時，啤酒是最適合的飲料。

台灣的啤酒廣告反而看不到這樣的場景。不過，在啤酒之外的廣告倒是有一個一模一樣的例子，那就是我在〈咖啡〉章節介紹過的貝納頌罐裝咖啡。在二〇一四年的廣告中，演員張孝全與資深藝人張菲談論著人生及工作的話題，最後用「努力過後，味道是最美好的」這句與日本啤酒廣告類似的標語作結。

在台灣，用來回報努力的，或在人生的話題上炒熱氣氛的飲料，難道都是咖啡嗎？台灣人沒喝酒也能展現自己真實的一面，但日本人好像不喝酒就做不到……思考這些問題也挺有趣的。

◉「派對啤酒」在日本適用嗎？

我試著搜尋日本有沒有像台灣這種「一群人喝得很High」的廣告，結果在近幾年的系列裡找到一個，那就是三得利The MALT'S由唱跳團體EXILE TRIBE代言的廣告（二〇一五～二〇一六年）。團體總人數超過二十個人，每支廣告會有其中幾位成員（四人～十幾人）在酒吧或派對上暢飲啤酒。

該系列除了電視廣告以外，還利用海報等媒體進行大規模宣傳，但似乎並沒有引起迴響，所以過了一年半左右就結束了。自此，三得利的啤酒廣告只剩下播出超過十年以上的高級啤酒——The PREMIUM MALT'S，代言人有搖滾巨星矢澤永吉、演員石原聰美以及棒球選手鈴木一朗等人，每個版本都是一個人獨享啤酒。

此外，本章一開始介紹的麒麟一番搾廣告，前一個系列（二〇一四～二〇一六年）由五人偶像團體「嵐」代言。不過內容大多是其中一位成員獨自喝酒，或是與成員以外的某個人兩人對飲。五人全員到齊的版本除了忘年會，就只有期間限定的企劃商品和介紹促銷活動贈品的特別篇，實在感受不到一群人喝得很High的概念。

◉喝法不同是因為年齡的差別嗎？

我注意到一個整體上的差異：台灣啤酒廣告的氛圍年輕有活力，日本的卻有種中年大叔味。這點也反映在廣告代言人的年齡層。

我調查了前述二〇一八年之前的廣告，那些代言人當時的年齡。台灣廣告年紀最小的代言人是青島啤酒的王大陸，據說是二十六～二十七歲。本文接下來介紹的廣告還會出現不到二十五歲的藝人。其中年紀最大的是代言金牌台灣啤酒的陳嘉樺，三十七歲。代言青島啤酒的五月天成員都超過四十歲，但他們似乎從十多年前，還是三十幾歲的時候就擔任代言人了。總之，我們可以說，台灣啤酒廣告的代言人是以二十五歲以上到三十幾歲為中心。

另一方面，以日本近期的廣告來看，在拍攝當時年紀最小的，是出現在一番搾廣告裡的嵐的成員二宮和也，三十一歲。後來的「啊～好幸福！」系列的四位演員分別是三十二歲、三十四歲、四十八歲以及五十三歲。此外，演出SAPPORO黑標廣告超過十年以上的妻夫木聰，在二〇一八年的時候是三十八歲，然而與他談話的對象則是以四十幾歲到六十幾歲居多。嵐的成員在廣告拍攝期間也是三十一歲到三十六歲左右。整體來說，台灣的代言人比較年輕。

◉「戀愛」與啤酒的契合度

另外還有一個更具代表性的表現差異，那就是廣告裡有沒有關於戀愛的描寫。

以台灣的廣告來說，本章開頭介紹過的一番搾廣告就有戀愛劇情；另外像台灣啤酒在二〇一八年每季推出的的「水果啤酒微醺」系列，其微電影廣告也讓人印象深刻。

在「夏密啤酒」的廣告中，詹宛儒（現改名為喬湲媛）拜訪陳彥名的住處，展開甜蜜又緊張的「在家約會」，兩人甚至還有吻戲；同系列的「春綠啤酒」則是以辦公室為舞台，李恩菲喜歡上每天都會在公司電梯裡遇到的范少勳，在搭電梯的短暫時光，她的內心總是小鹿亂撞。順帶一提，這些演員都只有二十幾歲。

最近的日本啤酒廣告看不到這種酸酸甜甜的戀愛情節。雖然也有男女兩人共同代言的情況，但大多飾演夫妻，或以藝人本人的身分登場。總之，日本啤酒廣告代言人的年齡層比台灣的高，也幾乎沒有關於戀愛的描寫。

◉日本的「啤酒風味飲料」市場

這邊必須進行一段有點複雜的說明。其實，大部分由一男一女共同代言的產品，嚴格來說並不是啤酒，而是日本大約從二十年前開始販售的啤酒風味酒精飲料，或是簡稱為「發泡酒」。

這種飲料出現的原因與日本的稅制有關。一九九〇年代，日本開放大型折扣商店販賣酒類，日本啤酒的市場遭到價格低廉的進口啤酒侵蝕。於是，日本的啤酒廠商採取降價策略，減少原料麥芽的使用量，使成品脫離法律定義的啤酒，藉此壓低酒稅。這種產品就是所謂的發泡酒。後來，因為發泡酒的稅率提高，又出現了不同原料比例的「第三類啤酒」。現在，這些啤酒風味酒精飲料（以下稱發泡酒）的銷售量已經威脅到真正的啤酒了。

由於發泡酒的麥芽用量較少，對於習慣喝啤酒的人來說似乎味道太淡、麥芽不夠香，感覺風味沒那麼好；再加上價格比啤酒便宜大約二～三成，因而造成啤酒比較高級、發泡酒比較差的印象。考慮到這樣的情況，廠商也在廣告的呈現上做出區別。

使用夫妻設定的發泡酒廣告，最具代表性的是三得利的「金麥」。從剛上市的二〇〇七年到二〇一九年間，找來的代言人是演員檀麗（三十六歲～），在廣告裡以獨腳戲的方式扮演對丈夫說話的妻子，博得好評。另外，在三得利「頂」二〇一八年的廣告中，飾演夫妻的唐澤壽明（五十五歲）和板谷由夏（四十三歲）與飾演岳父的本田博太郎（六十七歲）一起喝著產品。一男一女作為藝人本人演出的廣告，撇開背景設定和劇情不談，大部分都只是不斷重複強調產品很好喝。以最近的廣告為例，SAPPORO啤酒的「麥與啤酒花」（二〇一八年）請來嵐的二宮和也（三十五歲）和演員篠原涼子（四十五歲）；麒麟的「本麒麟」（二〇一八年）則是江口洋介和鈴木京香（皆為五十歲）。對於雙方之間的關係都沒有做「朋友以上」的描述。

那麼，為什麼發泡酒的廣告經常出現一男一女共同代言的情況呢？這恐怕是想讓夫妻養成在家裡喝發泡酒的習慣吧。因為發泡酒比啤酒便宜，比較容易吸引家庭客群多買一些放在家裡慢慢喝。

此外，發泡酒的廣告鮮少有一、兩個人靜靜喝酒的橋段，也很少出現對於辛勞的描寫或討論有關人生的話題。這是因為發泡酒不像啤酒一樣可以強調有深度的味道和高級感嗎？然而，針對啤酒所沒有的附加價值，各家廠商都推出了減醣、低嘌呤的發泡酒產品，許多廣告也都把宣傳重點放在健康的特色上。

◉一位台灣友人的解說

廣告代言人的年紀能在某種程度上反映出實際消費者的年齡層。究竟為什麼台灣和日本的啤酒人口年齡會有這樣的差別呢？

我向告訴我「喝第一口最爽啦」的朋友請教台灣的啤酒文化。

首先，他說：「台灣人比起自己喝酒，更常為了交際而喝。」原來如此，這就是一個人喝酒的廣告很少的主要原因嗎？

他還說：「上了年紀以後，要嘛會因為健康考量戒酒，要嘛會改喝紹興酒、威士忌、白蘭地或紅酒等比較烈的酒。在交際場合上，用啤酒這種酒精濃度低的酒勸酒，會被當成『沒有誠意』，勸別人喝很多烈酒才是有誠意的表現。這樣喝習慣之後，在家裡自然也是喝這些酒啦。」

也就是說，就像穿著打扮和用字遣詞會隨著年齡改變一樣，在台灣的文化裡，酒的等級也會隨著年齡提高。若是如此，像大人電梯那種三十八歲和六十四歲的男人用啤酒乾杯的廣告，台灣人看了應該會覺得很奇怪吧。

◉日本中高齡者支持啤酒的原因

現在的日本沒有台灣這種會隨著年紀改喝高價烈酒和勸酒的文化，基本上都是愛喝什麼，就喝什麼。因此，隨著年齡增長而改喝其他酒的情況相當少見，一直以來大家都喝年輕時就喝習慣了的啤酒。我指的正是日本現在的中高齡者。

那麼，他們在年輕時為什麼會成為「啤酒派」呢？其中一個很大的契機，是朝日在一九八七年開始販售的生啤酒 SUPER DRY，一改以往苦味很重的印象，開發出爽口且帶有強烈氣泡感的啤酒。因為很符合泡沫經濟時期飄飄然的社會氛圍，故成為了空前絕後的熱賣商品。其他品牌也跟著這股熱潮，接二連三地推出相同口味的啤酒。

查過資料以後，我發現當時日本播出的啤酒廣告專攻年輕人市場。我在 YouTube 上找到麒麟「拉格啤酒」在九〇年代初期的廣告。

廣告用當時正值全盛時期的松任谷由實的歌作為背景配樂，並請時下當紅的年輕演員飾演男女主角，推出戀愛劇風格的系列廣告（其中一位演員是現在也有在一番搾廣告裡登場的堤真一）。此外，當時的廣告還有可愛卡通人物的動畫以及派對場景，現在看來反而覺得很新鮮。

因為看了這些廣告而習慣喝啤酒的年輕人，現在仍繼續喝著啤酒。這應該就是日本的啤酒廣告以中高齡者居多的主因吧。啤酒的口味或許也漸漸從適合派對的味道調整成適合探討人生的味道了也說不定。可惜沒辦法實際試喝比較看看。

◉日本年輕人的啤酒衰退潮

那麼，為什麼啤酒廣告後來不使用年輕演員或戀愛橋段了呢？當然是因為這招對新時代的年輕族群不管用了。

二〇一〇年左右，「年輕人的啤酒衰退潮（若者のビール離れ）」一詞開始在日本的網路等媒體上頻繁出現。在二十一世紀，成年的人越來越少喝啤酒了。

原因有很多，其中一個很大的因素應該還是經濟環境吧。九〇年代末到二〇一〇年代的經濟不景氣導致外出喝酒的機會與金錢上的餘裕減少；而商業往來也開始注重合理性，應酬招待的做法不再有效。在這樣的背景之下，沒有飲酒習慣的世代本來就不太會有想出去喝酒的欲望，聽說還有很多人覺得在職場上被找去喝酒是一件很麻煩的事。

除此之外，網路發達所帶來的娛樂多樣化，也減少了花在喝酒上的時間及開銷。而在人際關係上，就算不直接見面聊天，人們也可以透過社群網路等途徑進行交流。另外，注重外表、形象的風氣漸長，大家可能也不想讓別人看到自己喝醉酒的樣子吧……。

現今社會無論在生活方式或觀念上都存在各種代溝，這樣的情況也反映在人們對啤酒的喜好上。而不經意將這種情況描繪出來的，正是品嘗辛勞與忍耐的滋味、討論人生哲學的日本啤酒廣告。他們「辛勞」的理由或許包含和下一個世代之間的溝通障礙，在談論人生時搞不好還會感嘆地說：「現在的年輕人啊……」

然而，二〇一九年以後，日本的啤酒廣告發生了變化。除了原本的代言人之外，還新增了當紅的新生代男女藝人。

麒麟一番搾除了保留原本的陣容，還加入了濱田岳（三十一歲）和足立梨花

（二十六歲），二〇二〇年又加入指原莉乃（二十八歲），企圖打造年輕形象。

朝日 SUPER DRY 的代言人從二〇一〇年開始就一直是福山雅治（四十一歲～），但是在二〇一九年時加入了菅田將暉（二十六歲）和中村倫也（三十三歲），更讓小日向文世（六十五歲）作為菅田將暉的父親登場，推廣「父子一起喝啤酒」的生活方式。此外，二〇二一年春季限定的特別包裝，則找來白石麻衣（二十八歲）等乃木坂 46 的成員演出廣告。

發泡酒廣告的年輕代言人也逐漸增加。麒麟「NODOGOSHI 生啤酒」的代言人自二〇一九年起是小島瑠璃子（二十五歲）與桐谷健太（三十九歲）；Clear Asahi（二〇一九年）是高畑充希（二十七歲）和嵐的櫻井翔（三十七歲）。這些廣告裡也增加了一群人熱鬧狂歡的場景。另外，朝日的淡麗 GREEN LABEL（二〇二〇年）則找了演員多部未華子（三十二歲）和創作歌手愛繆（二十五歲）兩位女性。到了二〇二〇年，市場上陸續出現專攻年輕人的發泡酒。SAPPORO 的新產品 GOLD STAR 請到窪田正孝（三十一歲），三得利 BLUE 則找來川口春奈（二十五歲）等當紅的新生代演員代言。這樣的路線轉換實在很有趣。

有報導指出，日本啤酒飲料的銷售額在二〇一九年已經連續下滑十五年。啤酒業界大概是終於意識到危機，才打出將年輕人拉進啤酒世界的策略吧。然而，SUPER DRY的兩位年輕演員飾演公司同事，在結束一件大案子後乾杯慶祝，繼承以往的「辛勞」路線；而各種發泡酒重複強調很好喝的手法也和以前差不多。

這些慣用手法究竟可以抓住多少年輕人的心呢？也許過了一、兩年後，情況又會截然不同，不過這也是廣告的特性啊。

內行看門道

關於每個啤酒品牌都一定會有的「一句話」

就像日本一番搾廣告裡的那句「啊～好幸福！」，在喝了一口商品後脫口而出的固定台詞，是日本啤酒（尤其是啤酒風味的發泡酒）廣告慣用的表現手法。

將二〇二〇～二〇二一年的廣告大致看下來，可以整理出以下結果：

SAPPORO「GOLD STAR」——窪田正孝。喝了一口啤酒之後，先是「啊～」地撇過頭，再轉回來看著啤酒輕輕點頭說：「好喝！」

三得利「金麥」——石原聰美。把在不同季節背景說「好喝！」的影像合成同一個畫面。

麒麟「一番搾零醣」——唐澤壽明。台詞如「啊～真好喝！結果重要的還是味道……」等等。

朝日「STYLE FREE」——齋藤工。喝完啤酒大喊：「啊——！」停頓兩秒後，才一臉感動地說：「……就是這個！」

朝日「THE RICH」——北大路欣也：「竟然這麼好喝！」「太驚人了！」；仲野大賀：「真的假的!?」二〇二〇年新上市時，竹野內豐和長澤雅美：「真的假的？（Really?）」等。

另外還有很多其他的例子。廣告多半由演技精湛的演員代言，透過幾經琢磨的台詞、表情和動作等等，表現出好喝到很感動的樣子。

只不過，這些台詞在根本上異於一番搾的「啊～好幸福！」，因為從中感受不到主角在拿起啤酒前的經歷或心情，只有點出「現在在喝的啤酒很好喝」。

此外，裡面也沒有提到與其他商品相比，這個商品好喝在哪裡。意即這些台詞雖然有表現出一瞬間的吊胃口效果，卻沒有利用它製造差異性和記憶點，缺乏廣告應該具備的功能。而這樣的內容卻被放在廣告裡最關鍵的部分，導致每支廣告看起來都大同小異。

為什麼啤酒大廠的廣告會出現這種情況呢？尤其廣告商應該對「與其他廣告撞哏」避之唯恐不及，這實在令人匪夷所思。我並不清楚啤酒廣告的內情或業界文化，不過還是想到了兩個原因。

第一個原因是啤酒市場越來越趨向惡性競爭。

如同前文所述，日本啤酒類商品的銷售數量有逐年遞減的趨勢。然而，至少在我的印象裡，啤酒的種類和廣告沒有變少。也許是因為各家廠商都擔心不夠吸睛而失去優勢，只好每年推出新商品或把舊商品重新包裝，並投注一定程度的經費，以增加廣告曝光度。

可是，要在逐漸萎縮的市場提出新概念創造需求需要很大的勇氣，產生「不如和競爭對手搶客人還比較快」的想法也無可厚非，再加上目標客群主要是中高齡人口，不會那麼簡單就對新的事物產生反應。

難道是因為這樣，他們才會寧願選擇用「比別人好喝」這種千篇一律的宣傳手法，而不是強調自家商品獨一無二的特色嗎？

另一個可能的原因則是「偉大的先例」。

有幾個「喝一口啤酒，說一句話」的啤酒廣告讓我印象深刻，其中之一是三得利 MALT'S 在一九九二年～一九九四年的廣告，當時二十幾歲的和久井映見和四十幾歲的萩原健一這兩位人氣演員，經歷了一些小失誤或尷尬的場面後，喝了一口啤酒說：「就是這個好喝！」

該系列在當時大受歡迎，而這句台詞也成為時下流行語。

另一個則是麒麟一番搾最早期的廣告。一九九〇年起，當時正值五、六十歲的知名演員緒形拳，連續六年擔任該品牌的代言人，在發生和前述 MALT'S 廣告類似的情境之後，他喝下商品，露出心滿意足的表情說：「好開心哪～！」這支廣告和商品一起引發廣大迴響，為品牌立下延續至今日的根基。

大家有發現嗎？這兩支廣告的結構，都和本章介紹過的、大約在三十年後出現的一番搾廣告一模一樣。無論是「就是這個好喝！」還是「好開心哪～！」都不是單純在誇獎商品的口味，而是包含在喝到商品的瞬間為止，所歷經的各種曲折，帶有「這時喝到的啤酒特別美味」的含意。這種構想恐怕在那個年代成為全新的突破，而且也很符合當時的社會氣氛。

此外，一番搾最早期的廣告，是讓這種享受啤酒的方式在社會上流行起來的功臣之一。因為這個事實成了該品牌的無形資產，他們才會繼續推出相同路線的「啊～好幸福！」作為宣傳。

然而，可能就是因為這些廣告實在太有名了，才會導致業界人士認定喝完啤酒後說一句話是啤酒廣告的準則，讓表現手法變得趨於制式化了也說不定。

我沒調查台灣的廣告是否有過類似的案例。不過，當市場發生成長停滯並陷入惡性競爭時，同類型商品的廣告很容易就會演變成這種情況。

泡麵——是感人故事，還是笑話？

◉「真麵密碼」之謎

一支台灣的電視廣告讓我看完以後陷入沉思。

這支六分鐘的廣告是味丹「真麵堂」的「真麵密碼」（二〇一七年）。

修杰楷和方語昕飾演認識了二十年的朋友。男生溫柔體貼又喜歡下廚，女生長相甜美，樂觀開朗，工作能力也很強，可是不太會做菜。有一天，女生告訴男生，自己即將被調去美國工作。為了讓女生可以好好照顧自己，男生教她怎麼煮

真麵堂
真麵密碼

泡麵。

其實男生從以前就喜歡著女生，每次煮麵給她吃，他都會用配料的諧音偷偷向女生表白。例如蓮「藕」、鴻「喜」菇、「番」茄、黃瓜「泥」是「我喜歡你」；「香」菇、魚「餃」、魚「丸」、「蚵」仔、「玉」米、芝「麻」是「想交往，可以嗎」；而教女生煮的這碗麵則是用「牛」肉、「蝦」仁、「萊」豆表達「留下來」，希望她不要去美國。

其實女生也早就破解了這

些暗號，察覺男生的心意，但卻遲遲沒有勇氣回答可以。然而，她在看到代表留下來的這碗麵時，接受了男生的告白，吃光了蝦仁、萊豆並喝光了湯，只留下麵和牛肉，代表她的回覆——內牛滿麵（淚流滿面）。

老實說，這是一支很感人的廣告。如果我是淚腺比較脆弱的人，搞不好會忍不住熱淚盈眶。而且，我還順便學到了一些中文的諧音。

可是，有一個原因讓我沒辦法完全融入劇情——我實在無法接受這竟然是泡麵的廣告。

後面將會介紹，日本的泡麵廣告有非常多關於搞笑或次文化的內容，我從來沒看過感人路線的內容。所以老實說，當初在看到「真麵密碼」這個標題時，我還以為是一個和推理有關的搞笑廣告。

觀看這支廣告的當下，我不小心被故事劇情、電影般的畫面以及方語昕的可愛模樣帶進故事裡，但事後想想，一個是用拐彎抹角的方法告白的男生；一個是輕易破解了密碼，卻把對方放置了十年以上的女生，可以吐槽的地方也太多了吧。

難道說，這是一個建立在台灣人的民族性和文化上的高級笑話嗎？這樣的想法在我的腦海中揮之不去，讓我不知道該如何反應了。

◉賺人熱淚的泡麵廣告

台灣人看到這支廣告不會覺得很奇怪嗎？還有沒有其他類似的廣告呢？在突如其來的好奇心驅使下，我立刻著手展開調查，結果發現……還真的有很多耶！

例如維力炸醬麵二〇一七年的廣告。

似乎在學生時代有過一段戀情的男女主角，偶然在大樓的電梯裡重逢，男生邀請女生到自己的辦公室敘舊，想要重溫往日情誼，沒想到才沒過多久，女生的現任男友就來接她下班，於是兩人只交換了LINE就分開了。剛才男生在辦公室裡用來招待女生的，是兩人交往時一起吃過的泡麵（廣告商品）。最後，男生傳了一則訊息給女生：「原來，我們一直都沒變，就像喜歡吃維力炸醬麵。」

這個故事有一種淡淡的哀愁與寂寞，可是我不懂為什麼會把這樣的故事套用在泡麵廣告。

另外還有統一麵二〇一五年的「小時光麵館」系列廣告。這個系列透過麵店店長（徐灝翔）的視角，用充滿情調的畫面展現來店裡用餐的男女老少，每個人不同的人生故事。

有的是爸爸來店裡點了女兒病逝前最喜歡的菜色；有的是一男一女偶然地，很有默契地同時點了同一道菜，但是因為女生已經有男朋友了，兩人最終只是萍水相逢；有的是兒子帶著失智的媽媽一起來店裡，吃她唯一記得的一道兒子喜歡的菜……店長在與這些客人交談的同時，端出為他們量身打造的麵食。這些故事有的揪心、有的帶點苦澀，也有的讓人會心一笑，形形色色的故事讓人回味無窮。

然而，這些故事的象徵竟然是泡麵。在充滿懷舊氛圍的麵店裡，一包包袋裝泡麵整齊排列在廚房的櫃子上。

可見小時光麵館推出後大受好評，因為統一麵後來也稍微調整切入點，發

統一麵
小時光麵館

表了新的系列。二〇一八年～二〇一九年的廣告兩篇一組，分別從兩個登場人物的視角描述同一段故事；二〇二〇年的「吃麵看個性」系列則是以吃麵方式為主題，象徵每個登場人物的個性，每一次都有不同的巧思。

一開始提到的真麵堂也在隔年推出新廣告。和前作一樣，是一個溫柔的男生和一個可愛、開朗卻有點笨拙的女生，在經歷一番波折後修成正果的故事。只是男主角還是修杰楷，女主角卻被換成林芯蕾。作為一個被前作感動到的人，我的心情有點複雜。

荷卡廚房的廣告「荷卡劇場」（二〇一七年），雖然故事還不到感人的程度，但是當同事、家人或情侶之間發生小摩擦時，泡麵是讓他們重修舊好的契機。

我在四～五年份的廣告裡就找到了這麼多例子，看來「泡麵＋賺人熱淚的人生故事」應該是台灣慣用的宣傳手法吧。

◉日本的泡麵廣告是笑話寶庫

前面提到，日本的泡麵廣告都是用笑話或次文化作為主題。以下為讀者介紹幾個實際的例子。

從泡麵的始祖日清食品開始便是如此，尤其主力商品「CUP NOODLE」的廣告質感精良，又充滿「笑果」，每次一推出都會掀起話題。

例如二〇一六年的「OBAKA's大學」[1]系列，由搞笑巨匠北野武飾演校長，當時醜聞纏身或引人發笑的名人們飾演教授。像是在每年年底的歌唱節目上以誇張的機關和服裝華麗登場的演歌歌手小林幸子、因為外遇風波直到前一年都暫停演藝活動的前偶像矢口直里，以及因為自稱是某位知名音樂家的影子寫手而受到矚目的鋼琴家新垣隆等等。上課時，他們用諷刺自己過去的言行製造笑點（這個系列在獲得好評的同時也遭受許多批判，聽說廠商在謝罪後提早把廣告下架了……）。

二〇一四年的系列廣告用宛如史詩電影般的背景表現日本上班族和學生所

1 OBAKA（おバカ）：日文意指「傻子」。

面臨的嚴苛現況。例如「全球化篇」把職場變成戰國時代的戰場，打扮成騎馬武者的上班族軍隊，抱著悲壯的覺悟攻打由外籍上司所率領的大砲部隊；「就職冰河期篇」則用刮著暴風雪還有凶暴北極熊出沒的面試會場，表現當時學生遭遇的求職困境。

而在二〇一四年到二〇一六年還有另外一個系列，是穿著武士盔甲的人在國外表演滑板、BMX 極限單車和彈跳桿等極限運動的特技。

二〇一七年的系列廣告則是以《魔女宅急便》、《阿爾卑斯山的少女》和《海螺小姐》等知名懷舊動畫為原型，把原作中的角色設定成高中生，製作成畫風截然不同的戀愛短劇。二〇一九年還推出了《航海王》的版本。

附帶一提，這些廣告裡幾乎沒有出現 CUP NOODLE，大部分都只有在最後一幕插入商品的圖片。二〇一七年的動畫系列有點像台灣的戀愛廣告，不過小蓮[2]在咖啡廳用餐的畫面，擺在桌上的餐點是吐司和牛奶，如果擺的是 CUP NOODLE 的話，日本人就會覺得這支廣告是在搞笑了。

其他還有像是改編日本的童話故事，或是讓網球選手錦織圭和美少女演員橋

2 《阿爾卑斯山的少女》的主角。

本環奈挑戰用 CUP NOODLE 做菜等等，各種你想不到的花招應有盡有。

接著要介紹的是日清的碗裝烏龍麵「咚兵衛」，二〇一七年推出的系列廣告由全方位藝人星野源和演員吉岡里帆代言。當星野源正準備享用商品時，吉岡里帆飾演的「豆皮烏龍麵狐狸精」忽然現身，廣告內容便是由這兩個人演出的短篇喜劇。

二〇一五年則請到加山雄三和佐藤健這兩位新舊時代的大明星代言，推出畫面有黑澤明風格，劇情卻很無厘頭的搞笑廣告。加山雄三飾演被強盜殺害以後，莫名其妙轉生成泡麵的浪人，佐藤健則是他的弟子。內容諸如他們把飛碟當成鴨子，拿弓箭去射；或是被佐藤健吃下肚的加山雄三，從他的肚子裡向女生搭訕等等，全都是讓人傻眼的搞笑劇情。

東洋水產旗下品牌 MARUCHAN 的泡麵——紅狐狸豆皮烏龍麵和綠狸貓天婦羅蕎麥麵，連續超過四十年都是由個性幽默風趣的歌手暨演員武田鐵矢代言，推出喜劇風格的廣告。自二〇一六年起加入新生代演員濱田岳，但二〇二〇年受到新冠肺炎的疫情影響，劇組無法進行多人數的拍攝工作，不過他們反而利用這

咚兵衛
（2017 年）

紅狐狸、綠狸貓
（2020 年）

項限制，用電腦動畫製作出兩位代言人與他們率領的大軍，上演兩種商品的對決大戲。

另外，同品牌推出的 QTTA 在二〇一九年找來七位 VTuber[3]，分別為他們每個人製作三分鐘左右的原創歌曲 PV，並在 YouTube 上傳了另一部宣傳影片，告訴觀眾，把七支智慧型手機放在一起並同時播放 PV 的話，就能看到這些 VTuber 互動的動畫。

這些例子似乎一旦開始介紹就沒完沒了，但是像這樣用各種手法或創意娛樂消費者的，正是日本的泡麵廣告特色。

◉家人的羈絆也離不開搞笑

把家人之間的羈絆與商品做連結的廣告，同樣也是以搞笑的方式呈現。MARUCHAN「正麵」有一個系列廣告（二〇一七年），主角是資深演員役所廣司，廣告中他在一般民眾耳邊悄聲催促他們為家人煮麵。例如對太太說：

3 全名為「Virtual YouTuber」，即虛擬的 YouTuber。不公開真實的身分，而以虛擬的角色來經營 YouTube 頻道者，即稱為 VTuber。

「幫剛喝酒回家的老公煮一碗麵嘛。」或是對有一位考生女兒的爸爸說：「煮一碗麵給她當消夜，表達你對她的支持吧。」雖然吃麵的家人很開心，但廣告裡的役所廣司卻被塑造成幫泡麵打廣告，會突然對陌生人耳語或擅闖民宅的怪叔叔。

三洋食品「札幌一番」的廣告（二〇一五年～），以「多下一道功夫，代表『我愛你』」為主軸來描寫家人之間的愛。竹內結子和劇團一人飾演夫妻，寺田心則是他們小孩，三人在廣告裡介紹不同種類的商品和各種煮法。雖然還不到搞笑的程度，但演員基本上還是展現了歡樂逗趣的演技。

說到這裡，各位可以體會了嗎？對於看習慣這些廣告的日本人來說，在泡麵廣告看到催淚人生故事的感覺有多麼奇怪。

台灣也有很多以搞笑或次文化為主題的泡麵廣告。例如味丹「雙響泡」二〇一六年的系列廣告，描述高中生在吃泡麵補充能量以後，便能使出從眼睛發射雷射光之類的超能力。這種無厘頭的劇情，日本人倒也見怪不怪。另外，像是拉麵師傅在吃了泡麵以後，因為產生危機意識而暴怒（真麵堂，二〇一五年）；或是從頭到尾都在強調商品品質，並發出「好療癒啊！」的嘆息聲（味味一品，二〇一五年～），這種強調品質媲美手工麵條的宣傳手法，就算在日本也完全行得通。

不過，唯有「把泡麵和催淚故事結合」的這種類型，在日本是完全看不到的。

◉「什麼都可以」所代表的涵義

是什麼原因造就了這樣的差異呢？日清二〇一七年的廣告「用碗吃的 CUP NOODLE[4]」給了我一個提示。

有一對六、七十歲的老夫妻在家裡吃午餐，先生可能是嫌太太準備的配菜太少，對太太說：

「還有沒有其他菜？什麼都可以。」接著出現旁白介紹商品。

這句話象徵了泡麵在日本的定位。換句話說，泡麵是在想隨便吃點什麼填飽肚子的時候吃的替代品，不會出現在重要的場合，在食物中的地位比較低。

4 無紙碗包裝的減量版 CUP NOODLE。放進碗裡，倒入熱水，等三分鐘就能吃。

這種印象是如何形成的呢？

◉日本的經濟成長與泡麵

泡麵誕生於日本，一般認為是後來創立日清食品的台灣企業家安藤百福（原名吳百福，後歸化日本）發明了泡麵。

全世界最早的泡麵——「雞汁拉麵」，於一九五八年問世。當時日本正值高度經濟成長期，而且「岩戶景氣」[5]也正好從這一年開始。兩年後的一九六〇年，政府喊出「所得倍增計畫」的口號，推動社會資本整備以及產業重化工化等政策，使經濟發展的規模逐年擴大。

老百姓的收入也連年增加，各種家電用品也開始普及。「只要比現在更努力，就能獲得更好的生活。」在這種夢想的驅使下，人們不眠不休、不吃不喝地拚命工作。對他們來說，泡麵可以節省煮飯或準備配菜的時間，味道尚可，熱量充足，而且又很便宜，應該是全世界最方便的東西吧。換句話說，日本的泡麵起

5 日本從一九五八年七月～一九六一年十二月的經濟成長期，被比喻成自從天照大神躲進天岩戶以來最好的景氣，故稱「岩戶景氣」。

初是每天忙得不可開交的勞工們墊胃用的替代品。

一九八〇年以後，講究湯汁、麵條和配料的高級拉麵店如雨後春筍般一家接著一家開。儘管也出現了號稱能將高級拉麵的美味，原汁原味重現的高級泡麵，卻沒能抹去泡麵整體被視為便宜替代品的形象。雪上加霜的是，八〇年代左右開始，健康意識抬頭，泡麵經常因為太油又太鹹、營養不均衡、添加物太多等理由遭到抨擊，始終無法擺脫「不健康」的印象。姑且不論實際情況如何，至少就形象來說，泡麵並不是會出現在重要場合的食物。

◉台灣的泡麵以傳統美食為目標

與日本的情況相比，泡麵在台灣的地位是不是比較高？換句話說，是不是被當成比較「正式」的食物呢？

我從台灣的廣告裡找到支持這個推論的線索——中元節前後的廣告會多出現推薦觀眾拿泡麵當供品的橋段。

在日本，祭祀活動的供品以水果和點心為主，很少有人供奉泡麵。或許是因為替代品和垃圾食物的印象太強烈了吧？就算讓我來準備供品，我想我也不會選擇泡麵。

這樣的差異也和泡麵的誕生過程有關嗎？

最早在台灣販售的泡麵，是日清食品與台灣廠商在一九六七年合作推出的「生力麵」。中文版的維基百科有這麼一段敘述：最初的生力麵因為沿用日本配方，在台灣銷路並不好。在調整過調味與麵條的口感之後，成為台灣的暢銷產品。

緊接著，統一企業在一九七〇年推出了統一麵。起初由於只有一包單薄的調味包，無法與生力麵抗衡，但是他們以台南的度小月擔仔麵為範本，研究出符合台灣人喜好的口味，並在隔年推出統一肉燥麵。新商品讓他們的營業額逐年成長，最後甚至擊敗生力麵，把對方逼出台灣市場[6]。

依我看，統一肉燥麵的那句廣告詞：「熟悉的味道」[7]，正象徵了泡麵在台灣的定位。

6 〈生力麵　台灣第一包泡麵〉，《自由時報》，二〇〇七年一月七日。

7 〈擊退生力麵　泡麵龍頭—統一肉燥麵〉，TVBS News網頁，二〇〇七年一月七日。

也就是說，台灣的泡麵把地方傳統小吃當成理想的口味，追求正統美食的形象贏得了支持，同時再參考日本的廣告模式，網羅高級路線到垃圾食物的路線，創造出多元風格。

除了形象以外，在某些商品上還可以看到業者為了重現正統美食所做的努力。小廚師的「慢食麵」不使用乾燥食品，而是把煮過的配料和湯封入調理包，藉此重現海內外各地的道地美味。在二〇二〇年的廣告「聚餐篇」裡，三代同堂的家庭一起品嘗各種口味的慢食麵，透過每一位家庭成員的台詞，仔細介紹麵的配料和湯汁，最後再用和商標一起出現的標語「講究而不將就」表達他們的熱誠。

話說在真麵密碼的廣告，修杰楷也交代即將到美國工作的方語昕：「千萬不要吃那些速食有的沒的。」並建議她購買調理包形式的「有料盒麵」。

雖然日本也有這種類型的泡麵，但恐怕只是少數，我甚至沒有看過主打此類商品的廣告。消費者的需求應該還是以簡單幾個步驟就可以吃的替代品為主。二〇一八年日清雞汁拉麵的廣告，躺在房間發懶的新垣結衣泡了一碗「只要倒進熱水就好」的廣告商品來吃。廣告的最後一句台詞：「勉強不算麻煩！」一語道破了日本人對泡麵的要求。

對日本人來說，泡麵版的拉麵原本就不是他們熟悉的味道，因此無法形成大眾普遍認同的正統形象，只能作為等級比主食低的替代品發展。這可能也是泡麵廣告結合搞笑和次文化的背景因素之一吧。

◉ 即食食品≠垃圾食物

就算是即食食品，只要以傳統美食作為理想，就可以獲得正統的形象。我在日本也找到一個實際的例子，那是一支沖泡式味噌湯的廣告。

九米公司旗下的味噌品牌「料亭之味」，從二〇一四年開始推出用溫和筆觸描繪家庭羈絆的動畫系列廣告，例如母女之間的關係，或是家人對隻身赴外工作的父親的關心。其實料亭之味有一般的味噌和沖泡式味噌湯兩種商品，兩者的廣告風格也別無二致。無論是哪一種味噌，料亭之味都以傳統家庭料理為形象核

料亭之味
（2019 年）

心，成功把商品和感動結合在一起。

儘管拉麵近幾年也被其他國家視為日本美食，但是在日本人心裡，它來自中國的形象依然根深柢固，不能算是正統的日本食物。如果以後有那麼一天，拉麵完全被當成日本食物為國人所接納的話，泡麵或許也會推出賺人熱淚的廣告也說不定。不過就現階段來說，我光是想像就覺得好笑。

速食——

漢堡的競爭對手是誰？

◉台灣的漢堡比日本的好吃嗎？

去國外旅行時，我總是會興致勃勃地在超市尋寶，但走進速食店的次數卻寥寥可數。上次去台北的時候也是，儘管有看到麥當勞、摩斯漢堡和肯德基這些在日本也很常見的速食店，卻一次也沒踏進去過。

雖說那趟旅行我幾乎每天都要和別人碰面，被帶去吃熱炒、石頭火鍋、牛肉麵或意麵等台式餐廳，沒必要特地到速食店用餐，不過最大的理由，還是因為我

覺得，反正這些店都和日本的大同小異吧。

跨國連鎖速食店的口味是否會因國而異是一個值得探討的問題，經常聽說這些企業致力於「讓各國的口味吃起來都一樣」，我基本上也支持這個說法。

可是，我回國後上網一查，發現去過國外的人發表了許多像是「日本與某國麥當勞的不同之處」這類的文章，內容寫到因為可以取得的食材不同，所以味道也有點不同，漢堡的尺寸比日本小或大等等。

而且，開始研究完台灣的速食廣告之後，我開始覺得有點後悔，早知道當初應該去吃吃看的。

其中一個原因，是因為我發現，台灣的麥當勞和肯德基經常推出在日本吃不到的特色商品企劃，而且還有頂呱呱、丹丹漢堡等台灣特有的速食店（只可惜我沒找到他們的廣告）。既然如此，下次去台灣時，我非得到處去各店嚐嚐不可！

而讓我產生這種想法的另一個原因，是因為台灣的速食廣告看起來比日本的更高級、更美味。雙方在畫面的呈現手法有所差異。

當然，這只是就廣告而言，我並不期待台灣的漢堡實際上有多高級或多好吃；再者，不只是漢堡，許多食品在廣告裡的樣子都和實際情況有很大的落差，我有過好幾次失望的經驗，所以基本上不會相信廣告（笑）。不過，既然刻意塑造高級形象，說不定也代表廠商對商品有很高的要求吧？

總之，這些就先留到我下次去台灣時再好好確認。在這裡，我想先深入研究廣告表現手法上的差異。

◉慢動作所呈現的高級感

廣告界有一個叫作「sizzle 感」[1]的專有名詞，指的是將商品塑造成新鮮、美味或很高級的樣子，藉此刺激消費者的購買意願。在這種表現上，我覺得台灣速食廣告比日本傾注了更多熱情。

首先，我注意到，台灣的廣告很常用慢動作。慢動作是食品或餐飲店的廣告在呈現「sizzle 感」和高級感時常用的表現手法，很多台灣的速食店廣告會在調理各種材料的過程中，使用慢動作來加深印象。

例如把肉排放在熱騰騰的鐵板上翻面、把切好的生菜過水清洗、把食材放在平底鍋內拋甩翻炒，或是調製醬料的樣子等等；而漢堡包烤到上色的過程反而比較常用快轉表現，但最終給人的感覺和慢動作是一樣的。很多廣告還會加入大量煎、炸的音效，藉此強化「sizzle 感」的吊胃口效果。

麥當勞「無敵豬肉滿福堡加蛋」的廣告（二〇一八年），用慢動作展示每種食材的調理過程，並逐一插入字幕強調食材品質，例如：春麥滿福，義美生產、

1 「sizzle」這個英文單字的原意是在煎、烤含油食物時發出的滋滋聲。在本章專欄單元會有更進一步的介紹。

特選A級蛋、前腿與三層肉，完美比例等等。「McCafé 特選重黑咖啡」的廣告（二〇一八年），用了細緻流暢的慢動作畫面：一開始烘焙過的豆子被磨豆機粉碎，鏡頭銜接到萃取濃縮咖啡後從濾杯滴落，再落進咖啡壺中浮著泡沫的水面，最後加入奶泡，並撒上肉桂粉的所有過程，表現出具有高級感的新鮮美味。

從肯德基「松露蕈菇起司雞」的廣告（二〇一九年）可以清楚看出這些慢動作的意圖。

劇情描述母親和一雙二十幾歲的兒女坐在客廳，從平板的地圖APP得知父親在附近的肯德基買了松露蕈菇起司雞準備回家。於是，在父親到家前的這段時間，三個人各自在腦中想像了起來。母親想到感覺很高級的松露紛紛從袋中滾落的樣子（慢動作），輕聲說：「我好像聞到了松露的香氣……。」兒子想到對半切的蕈菇被丟進起司醬裡的畫面（慢動作），仰頭道：「還有蕈菇的鮮甜……。」這時，父親已經來到家門口。女兒想到滿滿的起司醬淋在炸雞上的模樣（慢動作），大喊：「哇，超濃的切達起司就在門口！」就在父親走進家門的那一瞬間，三個人一擁而上，最後全家一起大快朵頤。

肯德基
松露蕈菇起司雞
追蹤篇

換言之，這些慢動作所呈現的，是消費者一臉陶醉地想像完美狀態的食物時，腦海中所浮現的畫面。

而從許多廣告的食材背景都是深色系這點，也能看出廠商想要表現高級感的意圖。

台灣麥當勞「BLT安格斯黑牛堡」的廣告（二〇一七年），清一色用黑背景和慢動作拍攝安格斯牛肉排、培根、生菜、番茄和麵包等各種食材，並搭配充滿情調的音樂突顯高級感。同公司在二〇一八～二〇一九年還推出在漢堡麵團加入墨魚汁、甜菜根及蔬菜，有著鮮豔黑、紅、綠色外觀的漢堡，這些廣告也都是用黑色背景拍攝，藝術感十足。

◉十五秒的綜藝秀

以速食廣告來說，像台灣這種強調質感或「sizzle感」的表現手法在日本很少見，更多的反而是以搞笑為基礎、氣氛歡樂活潑的廣告，例如：標新立異把舊商品改成奇怪的名字、由知名搞笑藝人或實力派演員演出短劇、演員看著兩種新商品誇張地糾結該選哪邊，或是年輕藝人精神奕奕地介紹商品，感覺就像在看綜藝秀一樣。

有時也有感動人心的迷你短劇，像是晚上一個人在麥當勞內用，或是爸爸看著從兒童餐「畢業」的女兒備感欣慰等等，但這些都只是在描述速食與生活之間的關聯性，和高級感沒有關係。

偶爾可以看到一些廣告使用慢動作的技巧，但目的和重現消費者腦中影像的台灣廣告略有不同，這裡的慢動作是為了讓觀眾對新商品或期間限定商品的主打特色留下印象，就好比用紅筆在畫面上圈出重點。

比方說，一般肉排加上韓式燒肉風牛五花（KARUBI）的麥當勞「KARUBI Mac」廣告（二〇一六年），用特寫加慢動作展示肉排和五花肉被麵包夾住的樣子，再搭配代言人的旁白「在肉上面『咚！』地再疊一層肉！」另外，在下午五點過後，點餐再加一百日圓，就可以比平常多一塊肉排的優惠活動——「夜 Mac」的廣告（二〇一八年），也用特寫加慢動作呈現第二塊肉排疊在第一塊上面的畫面，至於深色背景應該只是在直觀地表達夜晚的概念而已。

二〇二一年「SAMURAI Mac」的廣告則是少數的例外之一。「享受大人吧！」在這句台詞出現的同時，漢堡材料層層堆疊，以及醬汁淋在肉排上的模樣，皆以慢動作並搭配黑背景出現。之所以刻意安排這樣的橋段，應該是為了讓觀眾覺得這是一個大人取向、講究品質的商品吧。

◉日本的漢堡夾的是什麼肉？

麥當勞在台、日兩地都有推出強調食材品質的宣傳影片，我在看了這些影片之後也產生了一樣的想法。

台灣的麥當勞在二〇一八～二〇一九年播出了一系列名為「我用心你安心」的品質宣傳廣告，讓觀眾一窺生菜、薯條、牛肉、咖啡豆等商品材料的原產地。

在薯條版當中，一位正在店內享用薯條的女性忽然定格，旁白說：「你知道，麥當勞的薯條為什麼這麼好吃？」接著畫面快速倒轉，從店內跳到馬鈴薯加

台灣麥當勞
我用心你安心

工廠。

廣告一面展示每道加工程序，一面用美國農業部認證最高等級、龍葵鹼含量遠低於政府法令、負十八度全程溫控、百分之百植物油，每日三次檢測等字幕，具體說明控管品質的方法，再加上用色卡確認薯條起鍋後的色澤，以及試吃檢查的畫面。特地請日本人擔任品檢師，用日文說：「嗯，好吃！」應該也都是為了強調品質吧。

不過，日本麥當勞廣告的宣傳重點稍微有點不太一樣。日本的麥當勞以二〇一七年為中心，發表了多部名為「看得見，麥當勞的品質」的宣傳影片。其中，介紹原材料馬鈴薯的影片，用一個最基本的問題作為開頭：「麥當勞的薯條是用真的馬鈴薯做的嗎？」

對於這個問題，廣告一本正經地用字幕回答：「是的，我們使用真正的馬鈴薯。」接著在描述生產與製造過程的影像裡，說明如農家確認好土壤與環境適合耕種後，以種出適合做成薯條的馬鈴薯為目標，進行栽培管理；送到加工廠的馬鈴薯會經過清洗以及目視篩選等理所當然的內容。中間雖然有拍到馬鈴薯田和加

日本麥當勞
看得見，麥當勞的品質

工廠，但無法確認實際地點（作業員看起來是西方人，所以有可能是美國），也沒有品質認證等可以佐證的客觀資訊。

實際上，台灣和日本的品質管理極有可能採取相同標準，然而在強調高品質的方面，日本卻遠遠不及台灣。

日本其他版本的廣告還出現了「真的有用蚯蚓肉嗎？」「麥當勞的麵包真的不會腐壞嗎？」等像是在刻意找碴的問題，讓肉品加工廠和麵包工廠的負責人面露苦笑，但他們依舊非常認真地回答「那些都是假消息」或「絕無此事」。

由此可知，這些廣告所強調的重點並非品質，而是「本公司沒有採用違反法律或道德規範的材料及製造工法」這種最基本的品質保證，恐怕是為了誹謗或謠言的因應對策。

其實「麥當勞使用蚯蚓肉」是著名的都市傳說之一，我以前也曾聽過。當然，絕大多數的消費者應該都不會信以為真，但企業必須特地用廣告闢謠的這個行為本身，難道不正體現了日本人對速食的印象嗎？

◉ 在速食店舉辦音樂會

「sizzle 感」不只適用於食品，其實就連空間也可以用這個手法來表現。

例如：感覺用了高級建材或家具的氣氛、寬敞的空間以及自然明亮的光線，這種強調優質空間的表現手法，也常見於台灣的速食店廣告。

台灣麥當勞在二〇一八年聖誕節後播出的快閃活動廣告就是一個代表性的例子。

在西門町的麥當勞裡，一位原本坐在位子上的五、六十歲男性緩緩起身，拿出小提琴，開始演奏改編成古典樂風格的聖誕歌曲。沒過多久，其他拿著弦樂器的人紛紛現身，跟著他奏起悠揚樂章，組成以他為中心，規模約十人左右的弦樂團。

廣告最後的工作人員名單有介紹，這位帶頭演奏的男性是世界級小提琴家林昭亮先生。在場的客人有的沉浸於樂聲之中，有的用智慧型手機錄影拍照，還有人從其他樓層跑過來欣賞。

廣告不著痕跡地展示麥當勞的店內空間：牆壁和地板是以米色、灰色為基底的沉穩色調，天花板則是打通樓上的挑高設計，再搭配大片的玻璃窗，整體寬敞舒適，如此高雅的空間即使用來舉辦時髦的小型音樂會也不會顯得格格不入。

有些廣告則用麥當勞的店內空間談論嚴肅或難以啟齒的話題。McCafé二〇一六年的系列廣告，主打可以在杯身寫字的「對話杯」。

在「接納篇」中，一對父子面對面坐在店裡不發一語，兒子面前的杯子上寫著「我喜歡男生」，是他內心的真情告白。父親難以正視這件事，當場拍桌離席，兒子因為不被父親接納而感到絕望。然而不久之後，父親又走了回來，在兒子的杯子上加了幾個字作為回覆：「我接受你喜歡男生」。並對兒子露出微笑；另外在「分手篇」中，有一位女性因為剛與男友分手潸然淚下，偶然坐在隔壁的老婆婆就把寫著安慰話語的紙杯遞給她，這也讓我印象深刻。

這系列出現在片尾的廣告詞——讓對話更有溫度，靈感取自於咖啡的「溫度」，但也同時暗指溫暖守候人們談論這些嚴肅話題的優質空間。

也有一些廣告強調店面先進、前衛。二〇一八年的廣告「Experience of the

「Future」，在介紹完點取分離式櫃檯、現代化菜單看板、數位自動點餐機、多元支付、全天送餐到桌等先進的設備和服務之後，用攝影機環顧一圈，強調充滿設計感的店內空間。順帶一提，這間店正是前述小提琴音樂會廣告所使用的麥當勞西門町店。

日本麥當勞的廣告也有出現過寬敞明亮、舒適宜人的室內空間，卻從來沒看過主打這些部分的廣告內容。

◉外食產業的激烈競爭

這項台日差異的背後有著什麼樣的原因呢？

線索就在台灣麥當勞的廣告裡。

首先是二〇一六年的廣告「銅板輕鬆點」，一對母女並肩坐在昏暗的小吃店裡，對於這間店，媽媽覺得「來聊天，不過有點擠」；女兒覺得「來逛街，不過有點暗。」廣告商品（鬆餅加咖啡的「1＋1」套餐）上桌後，媽媽說：「妳喜歡的鬆餅耶。」女兒則說：「妳喜歡的小熱美。」母女準備一起分著吃，但是在得知只要五十元後，女兒決定展現孝心，說：「媽，我請妳。再一份！」就在兩份餐點都上齊時，背景的牆壁忽然倒下，現場不再是又擠又暗的小吃店，而是寬敞明亮的麥當勞。

看過這支廣告以後我就懂了，看來台灣的連鎖速食店似乎非常在意傳統的小吃店。

麥當勞二〇二〇年的廣告「超值全餐」也出現了小吃店，「超值二人組」上街出任務，尋找「超划算套餐」。其中有一幕是他們來到提供九十八元雞肉飯套餐的小吃店，因為看到老闆拍死桌上的蒼蠅而陷入沉默。後來他們找到九十九元的麥當勞超值全餐，並以「不只超值，更有品質」作結，就像是在說：「雖然比小吃店貴了一點，但是吃得便宜又安心吧？」

經常聽說台灣人比日本人更常外食，某個曾經住在台灣的日本人在部落格寫到：我的台灣朋友每個禮拜有五天會和家人一起去小吃店用餐，有些人甚至天天外食，這輩子只吃過幾次父母做的菜。

台灣麥當勞
超值全餐

上述可能是比較極端的例子，但支撐這種外食需求的便宜小吃店、小吃攤在路上隨處可見；除了內用以外，外帶回家吃的飲食習慣也比日本更根深蒂固。

我在台北雖然沒有光顧過速食店，但是也在賣小籠包、燒餅或稀飯的小吃店吃過好幾次早餐，這些店有著白色的磁磚牆和水泥地板，空間還算乾淨，口味也還算好吃，可是桌椅卻是便宜貨，空間稱不上高級舒適。

對台灣的速食店而言，這些傳統外食產業不但是他們的競爭對手，同時也是發掘潛在客戶的寶庫。如何吸引平常在小吃店、小吃攤用餐的人，恐怕是他們最重要的課題之一。

這時，偏高的價格便成了阻礙，因此他們才需要建立更高級、更美味、更舒適、更乾淨等符合價格的價值吧。

◉日本速食店的競爭對手是誰？

那麼，誰又是日本速食企業的競爭對手呢？儘管也有拉麵店或家庭餐廳等不同型態的外食餐飲店，我覺得最難纏的對手應該還是非家庭料理莫屬。

之所以這麼認為，是因為很多日本人都以近乎信仰的心態肯定在家吃飯這件事，他們的想法諸如：

・外食很容易因為只挑喜歡的東西吃而導致營養不均，但是在家吃飯可以為家人準備營養均衡的餐點；

・因為店家要營利，外食一定會造成不必要的開銷，但在家吃飯可以透過調整食材或烹調方式省錢；

・在家吃飯是一家人輕鬆談心的寶貴時間，不該捨棄它。

也就是說，絕大多數的日本人都隱約認為在家自炊是本來就應該要有的習慣，外食只能是暫時的替代方案或非常態。像前面提到台灣家庭每週有五天和家人外食、幾乎沒吃過父母做的菜的飲食習慣，很有可能會被周遭的人視為有問題的。

不過，若要實踐在家煮飯的信仰，就必須要有一個家庭成員來承擔像是「製作人」的角色，例如每天思考營養均衡並符合經濟考量的菜單；購買食材，進行料理；還要在吃飯時主導家人之間的談話（也就是對每位家庭成員的情況和心情瞭若指掌），而這個角色一般都期待由家庭主婦擔任。

日本也有很多女性外出工作賺錢，但包含主婦本人在內，覺得家裡的飯菜應該由主婦來煮的觀念卻積習難改。日本的速食企業（其實其他的外食產業也一樣）在做生意時，必須以日本人的這種觀念為前提。

然而，與家庭文化正面衝突，難保不會造成顧客的反感，降低品牌形象。因此，日本的速食廣告必須用不會與自炊文化形成對立的方式宣傳，例如：在不得不外食的情況下，提供相對較好的選擇；或是與在家裡吃飯有不同樂趣的場所。

這樣的結果不正呼應了廣告宣傳不斷推陳出新的新商品，和像短篇喜劇或綜藝秀一樣的表現方式嗎？

聽說台灣法規禁止速食企業播放兒童取向的廣告，但日本的麥當勞卻推出許多廣告來吸引小孩的目光。他們大多將麥當勞的店內空間描述成遊樂園或魔法世界，或是利用兒童餐附贈的玩具，呈現出孩子們開心遊玩的畫面，對商品本身少有著墨。看來這些廣告或許是在刻意避免與在家吃飯的習慣產生對立。

◉家庭飲食文化將會出現新氣象嗎？

只不過，日本也開始出現了與這類表現手法截然不同的新廣告，Mister Donut二〇一九年的廣告便是如此。

日本的Mister Donut自二〇一七年起，將麵包和麵類等輕食納入菜單，取名為「MISDO飯」[2]，用類似速食的方式進行販售。在宣傳麵食的廣告當中，有一個讓年約七、八歲的小孩扮成落語家說故事的系列（二〇一九年），其中一個版本的台詞如下：

「媽媽，妳那麼忙還要煮飯，一定很辛苦吧？妳今天可以帶我去MISDO吃義大利麵或湯麵喔！」

「（用媽媽的語氣說）你啊，只是想吃甜甜圈而已吧！」

「（變回小孩的語氣說）被發現了～！」

2 MISDO為Mister Donut的簡稱。

雖說這支廣告還是透過幽默手法包裝，但我認為，這是難得將每天不但要忙於工作、操持家務，還得為家人準備三餐的主婦心聲搬到檯面上的罕見特例。

肯德基也在二〇二〇年推出名為「晚餐肯德基」的廣告，內容是高畑充希在下班時，從母親的訊息得知晚餐吃肯德基，便歸心似箭地一路趕回家。以往肯德基多半是以輕食的定位進行宣傳，像是上班族的午餐、派對上的佳餚或獨居者的消夜等，從沒看過有哪支廣告明確地把它當成全家人的晚餐。

其實，將包含煮飯在內的所有家務推到主婦身上，對於這種生活文化的批判聲浪，近幾年在日本似乎逐漸高漲。背景除了有女權意識抬頭之外，日益惡化的勞動力不足也是原因之一。如果主婦都只顧家不出門工作，不僅難以維持家庭生計，還會對社會整體造成負擔。

實際上，日本最近出了很多旨在減輕女性家事負擔的商品。聽說可以節省煮飯時間的商品，比如切成合適大小的蔬菜包，或是將食材處理好後宅配到府的服務等都賣得不錯。

儘管這些商品或服務尚未脫離「主婦在家煮飯」的前提，但也許在不久之後，社會對外食的看法就會轉變成積極肯定，而速食廣告也會出現越來越多像MISDO飯那種煥然一新的表現手法。不過，日本速食產業的當務之急，還是要先抹除麥當勞品質廣告所提到的那些負面形象。

內行看門道

善用文字吊胃口

本章主要針對用影像表現的「sizzle 感」進行討論，但身為廣告文案寫手，我也想談談關於用文字表現的「sizzle 感」。

「sizzle」這個英文單字是指在煎、烤含油食物時發出的滋滋聲。很多人聽到這個聲音，會自然聯想到肉被烤得滋滋作響的樣子，進而刺激食欲、增進唾液分泌。

換句話說，讓消費者彷彿身歷其境，感受到商品的魅力並刺激欲求的，就是「sizzle 感」。為了用文字將其栩栩如生地呈現出來，廣告文案寫手總是煞費苦心。

比方說，我覺得台灣肯德基的品牌廣告詞「吮指回味樂無窮」就是一個經典佳作，據說是從美國肯德基的「吮指美味（finger lickin' goods）」翻譯來的。

這句話的「sizzle 感」出自「吮指」二字。只要不是小小孩，人吮指的機會寥寥可數，就像是肯德基廣告裡演的一樣，只有在徒手吃完美食之後，舔掉殘留在手指上的油脂的時候才會這麼做。像這樣引用只會在特定情況出現的特殊動作，是用文字表現「sizzle 感」的技巧之一。

可惜的是，這句廣告詞後來受到新冠肺炎疫情的影響而停用了。先是美國本土基於吮指不符合防疫規範停用；台灣肯德基也從二〇二〇年夏天開始，把廣告詞改成「吃雞，我只肯德基」，用肯德基的「肯」代替「啃」，保留動作的部分，但所呈現的「sizzle 感」卻遠不及吮指。畢竟不是只有炸雞需要啃著吃；重點是，消費者在啃下去的瞬間，其實還沒有品嚐到商品的味道。

以日文來說，表現「sizzle感」的常用手法之一，是像前述「滋滋」這類的擬音語或擬態語，能直接表現事物的狀態，種類豐富多元，很容易讓人想像出具體畫面。

例如表示輕盈柔軟的「ふわふわ（fuwafuwa）」，和半固體溶化流瀉的「とろとろ（torotoro）」組成的擬態語「ふわとろ（fuwatoro，意指鬆軟滑嫩）」，經常被用來表現高級的歐姆蛋或布丁等食物的口感。這是透過結合兩種用途廣泛的擬態語，限定想像的範圍，從而表現出「sizzle感」的例子。

飲料品牌POKKA在一九九六年推出了一款名為「咕嚕嚕小火慢煮濃湯（じっくりコトコト煮込んだスープ）」的沖泡式湯包。商品名中的擬音語「コトコト（kotokoto）」幾乎只會用來表現「濃稠的湯品或燉菜在鍋裡長時間小火慢煮」的樣子，[1]光是這樣就能讓這個名稱充滿「sizzle感」，達成有非常好的宣傳效果。「じっくりコトコト」後來變成品牌名稱，沿用至今，成為每個家庭必備的沖泡湯品。

然而，擬音、擬態語雖然方便，一方面卻也因為出現得太頻繁而不利於競

1 順帶一提，如果用大火煮則是「グツグツ（gutsugutsu）」。

爭，也不容易與其他產品做出區別，而且往往顯得很幼稚。舉例來說，如果用日文的擬音、擬態語來表現吮指，感覺會變得有點不雅。

不過，日本的肯德基在二〇一八年將廣告標語改成切入點與「吮指美味」截然不同的「今天，要不要吃肯德基？」（今日、ケンタッキーにしない？）以此製作的好幾支廣告，結尾都是讓代言人高畑充希對鏡頭笑著說出這句台詞。

在大部分的情況下，「〇〇にする（做〇〇）」這個簡單的句型可以用來表現各種選擇（且不限於「吃」這個動作），而加上帶有勸誘意味的「〇〇にしない？（要〇〇嗎？）」則是建議某人選擇某個特定選項時的慣用句。

可是，如果前面加了「今日」兩個字，用途便被限制在決定今天的午餐或晚餐要吃什麼。

也就是說，「今天，要不要吃肯德基？」這句話，會讓人直接聯想到肯德基的炸雞成為餐桌上的主菜，有吃過的人甚至會想起它的味道或口感。這句廣告詞並沒有直接表現出美味，而是藉由讓大腦想像出情境的方式，表現出「sizzle 感」。

雖然只是一句很簡單的話，但想出這個點子的廣告文案寫手應該很具體地想

日本肯德基
（2018 年）

像了消費者從選擇、購買到享用商品的畫面吧。

健康

2

政策與保健觀念有關嗎？

感冒藥——

台灣人的節奏感vs.日本人的責任感

◉忘不了的「用斯斯~」

最近，有一首台灣的歌曲一直在我的腦海中揮之不去。

這首歌應該很多人都聽過，就是歌手羅時豐輕快唱著「感冒用斯斯，咳嗽用斯斯……」的那首斯斯感冒藥廣告歌。在家工作時，我會用網路開著台灣的電視節目當背景音，往往一開就是好幾個小時。曾有一段時期，這個廣告出現了無數次，導致我不但把歌詞背得滾瓜爛熟，不知不覺竟然還像唸咒文一樣反覆哼唱。

這支廣告在二〇一〇年左右，似乎也成為部分日本網路鄉民討論的話題。不只有旅居台灣的日本人在部落格介紹，亞洲職棒大賽在台灣舉辦的時候，似乎也在收看了網路轉播的日本人之間傳了開來。聽不懂但是很洗腦的歌詞、一流唱功與超直球歌詞之間的反差、具有七〇～八〇年代懷舊風格的畫面，再加上原曲其實是日本老歌（我馬上就聽出來是昔日電影明星石原裕次郎的歌）等等，充滿了日本鄉民會喜歡的哏。

姑且不論作為哏的趣味性，若讓我以廣告人的角度闡述己見，我認為這首歌作為廣告歌有很強的功能性。

將最低限度的商品資訊塞進簡單的歌詞，用有節奏感的重複曲調觸動感官，深植於記憶之中。而且為了達到這個目的，還稍微調整了原曲的旋律——當歌手唱完「用斯斯～」之後，女和聲會馬上跟著重複「用斯斯～」。透過刻意在四拍子的音樂加入不必要的兩拍製造記憶點，同時利用不同聲音的和聲加深印象，讓人的腦袋一直無意識重複著那句「用斯斯」。

◉節奏、律動感和衝擊力

以斯斯為首，在台灣可以看到很多感冒藥廣告利用衝擊力和律動感，將商品名稱及相關資訊植入人心。

其他的例子還有「欣樂樂（新ルル）」二〇一六年的廣告。

「哈啾！」——房間裡，看起來像是一家人的奶奶、媽媽和小女孩一起打了一個噴嚏。而這個房間鋪著榻榻米，感覺很像日本旅館，一開始還有風鈴叮鈴作響，藉此暗示觀眾這是日本的商品。

回到正題，就在她們打完噴嚏之後，似乎是本來就在房間裡的神秘男子（因為穿著圍裙又拿著掃把，應該是傭人的角色吧）隨即出現說：「哈啾？」接著突然開始載歌載舞。

天氣忽冷又忽熱／感覺到快要感冒的樣子／
緩解感冒症狀　欣樂樂／欣樂樂，DAIJOUBU（大丈夫[1]）！
咳嗽、發燒、流鼻水／感覺已經感冒的樣子／
緩解感冒症狀　欣樂樂／欣樂樂，大丈夫！

一家人也跟著他跳起舞來。接著男子遞出放在托盤中的欣樂樂，一家人吃了藥便恢復健康——以上是廣告大致的劇情。拉丁曲調的音樂輕快活潑，開朗到了一個極致。看完廣告之後，那句「欣樂樂，大丈夫！」成功地烙印在觀眾腦海中揮之不去。

1 指安全、不要緊之意。

接著，來看「百保能（パブロン／PABRON）」二〇一六年的廣告。

正在做家事的媽媽打了一個噴嚏，小孩擔心地說：「感冒了……」，媽媽應了一聲「嗯。」正當她打開另一扇門準備繼續做家事時，輕快的音樂響起，頂著百保能包裝大頭的「百保能先生」在房間裡正襟危坐（場景果然也是和室），恭敬地奉上商品——百保能感冒顆粒。接著跳到解說畫面，快速說明「顆粒劑型，吸收快」「5～12秒快速溶解」「有感冒徵兆，及早服用，真有效」等功效。廣告最後媽媽恢復健康，和小孩一起出門，而百保能先生則在遠處守護著他們。

這支廣告的印象雖然不及斯斯和欣樂樂強烈，但是正襟危坐、用雙手把藥奉上的百保能先生也夠讓人印象深刻了。假使廣告預算充足，製作百保能先生的廣告立牌，放在藥妝店的貨架上，應該會有很棒的宣傳效果吧。而且在產品解說的時候，背景音樂還唱著「PABRON、PABRON、撒撒撒撒～」，感覺多看幾次就會不小心記起來。

其實前述這些感冒藥全都是日本品牌。最具衝擊力的斯斯（スズレックス）在日本沒打廣告，所以我完全不認識這個牌子，不過市面上確實買得到。

百保能
（2016 年）

至於「國安感冒液」、「嗽王」、「克風邪」和「友露安」等台灣品牌的感冒藥，廣告風格截然不同，主流做法是靠著資深藝人推薦商品，我想應該是為了吸引熟悉老品牌的高年齡層觀眾吧。另外，英國國際藥廠葛蘭素史克的「普拿疼伏冒」製作了許多詼諧的劇情廣告強調商品效能，不過這種類型的廣告似乎是少數。

◉煽動母愛的廣告訴求

雖說日本的感冒藥廣告也不是完全沒有歌舞或形象角色的元素，但近期少有以此作為宣傳主體的例子。比較常見的手法是向消費者傳遞「必須把感冒治好」的邏輯，而且有些廣告真的完全切中日本人的心理。舉例來說，日本版百保能廣告的情境設定和台灣版很像，但傳遞的訊息卻截然不同。

開頭和台灣版一樣是媽媽出現感冒症狀，讓小孩很擔心，但小孩接下來的行動才是廣告的主軸。以二〇一六年的廣告為例，松嶋菜菜子飾演的媽媽晚上在沙發上小憩，女兒看到後，從壁櫥裡拿出毛毯為媽媽蓋上，並且說：「媽媽，要注意保暖喔。」在另一個版本，小孩把腳踏凳搬進廚房，站上去接過媽媽正準備清洗的碗盤，說：「媽媽妳去休息就好。」

也就是說，日本百保能廣告的劇情是：小孩因為擔心感冒的母親，笨拙又努力地做出體貼的舉動。而且廣告裡的女兒年約七～八歲，代替媽媽做家事的樣子讓人不是很放心。

看到這個廣告，有小孩的媽媽們會怎麼想呢？一定會是「為了不讓孩子擔心，我一定要趕快治好感冒！」這種迫切的心情吧。廣告裡的媽媽也巧妙地表現出這樣的心境。她溫柔地對一臉擔心的女兒說：「謝謝，媽媽會吃百保能的。」言下之意即是：我吃了藥就會馬上好起來，妳不用擔心。

這種利用心理壓力的表現手法或許正是許多日本感冒藥廣告的共通點。

◉感冒不快好，有人會困擾

再來介紹另外一種製造心理壓力的表現——SS 製藥販售的 S-TAC FINE EX 感冒藥，其廣告訴求光看海報上的標語便一目瞭然。

獻給「感冒了也絕對不能請假」的你。（二〇一六年）

代言人是主持眾多綜藝節目的知名搞笑藝人有吉弘行。在廣告中，他坐在車裡準備前往電視台工作，但卻因感冒症狀所苦，他不顧經紀人的擔心，堅持「我有 S-TAC！」，在吃了藥以後順利完成錄影。在這支廣告中，刺激購買需求、引發心理壓力的，是人們對於工作的責任感。

有些廣告沒有具體的情境描寫，而是請代言人直接說出台詞：「儘管感冒了，我還是無可取代的。相信你也是如此吧？」（武田藥品工業 Benza Block Plus 系列，二〇一六年，綾瀨遙主演）

自己沒辦法上班會造成別人的困擾，為了避免這種情況，必須盡快治好感冒才行——這樣的心態應該是日本人購買感冒藥的一大動機。

◉依靠醫生還是依靠藥物？

話說回來，為什麼台灣的感冒藥廣告會這麼歡樂呢？

關於這點，台灣友人的一席話讓我恍然大悟。據說台灣人感冒不太會購買成藥，感冒了基本上都會去看醫生。他還告訴我：「比起拿藥，看到醫生的臉比較放心。」而「看醫生」這個說法就反映了這點。

也就是說，一般人不太留意感冒藥的廣告。既然如此，廣告訊息的首要任務根本不是用邏輯說服消費者，而是先吸引消費者的目光，讓大家記得商品名稱。怪不得會在廣告裡不斷重複商品名稱，採取注重視覺衝擊力的手法。

相較之下，日本人大多很在乎感冒藥，這背後自然有四季分明的環境因素，每到寒冷的季節都會有需求。但是去看醫生等於必須中斷手上的工作或家事，想要省下這些麻煩的心情也占了一大部分。如果只是感冒這類的小病，總之先買市售的感冒藥來吃，要是還是沒好，才會去看醫生。不過，與其說是因為期待醫生的診斷和技術，倒不如說更像是為了拿到藥局沒賣、效果更強的藥而去的。因為想要更有效率地治好感冒，才會特別留意感冒藥的資訊，認真理解廣告的訊息。

而製造商方面，也有廠商推出鼻塞用、發燒用、喉嚨痛用等好幾種不同類型的藥，主打快速有效、一天兩次就有效（通常要三餐飯後吃）等便利性的廣告也越來越多。

其實日本的施政方針也鼓勵國民盡量不仰賴醫院，只是輕微不適的話就自己買藥吃。從九〇年代左右開始，政府將部分原本必須要有醫師處方籤才能買賣的「醫療用醫藥品」（藥效強且誤用造成的風險性高）改成非處方藥物；二〇〇九年開放這些藥品在一般藥妝店販售（但販售時須由藥師進行說明）；二〇一四年開始允許市售醫藥品透過網路販售；接著又在二〇一七年導入「自我藥療稅制」，也就是市售醫藥品的年消費額超過一定金額的人，可以將其列入醫療費用申請扣稅。

這些政策的背後考量，來自於社會保障預算的吃緊。儘管日本的公共醫療保險制度已經有超過半世紀的歷史，國家背負的醫療費用補助負擔卻隨著人口高齡化越來越重。政府為了盡量減少看醫生的人數，才會祭出購買市售藥品的獎勵。

從不同角度來看，雖然也可以解釋成藥廠和行政單位都是在利用民眾的責任感。不過，單就感冒來說，比起好好休息養病，日本人選擇服藥加速康復。在這個意義上，雙方或許可說是利害關係一致。

◉社會輿論改變廣告

我原本想用前面的結論為本章作結，可是在那之後，日本的廣告出現了變化。其中最具代表性的，是二〇二〇年秋天電車平面廣告上的斗大標語。

感冒的時候，就在家休息吧！（SHIONOGI HEALTHCARE PYLON PL）

這個標語正面否定了S-TAC的那句「感冒了也絕對不能請假」。

變化背後的社會動向源自於二〇一〇年代中期。首先，過去普遍被當成一般感冒的流感其實是致死疾病的認知逐漸普及。既然攸關生命安全，吃感冒藥去上班會導致疾病傳播，反而會造成他人困擾，因為感冒藥殺不死感冒病毒，只能抑制症狀。

此外，對惡劣工作環境的批判聲高漲也是背景因素之一。以往許多職場都充斥著「不准為了區區感冒而請假」的氛圍，然而，「強制員工上班是不人道的」這樣的論調在二〇一〇年代後期勢力迅速竄升。

支持該論點的是推特這些社群網路，個人可以匿名使用激烈言語吐露對社會的不滿，讓這些言論在同溫層迅速擴散，變成強勢的民意輿論——這種現象開始對企業的態度或策略造成影響。

主張絕對不能請假的S-TAC也在社群網路上被激烈炮轟，之後於二〇二〇年改版，找來和有吉弘行一樣主持許多電視節目的搞笑藝人上田晋也代言。他站在像是TED Talks會場的舞台上，向一萬名勞工發表問卷調查的結果——「越忙碌的人，越希望治好感冒」。雖然目標客群和過去一樣都是上班族，但是從「不能休息」這種充滿壓力的說法，變成「（根據客觀數據）越忙碌的人（為了不要請假）越希望治好感冒（這是消費者自己說的喔）。」藉此避免成為眾矢之的。

S-TAC
（2020年）

日本百保能
（2019年）

展現母子情深的百保能廣告也從二〇一九年開始出現了微妙的變化。媽媽出現感冒症狀讓女兒擔心，這個部分和以前一樣。但接下來，女兒開朗地說：「之後交給我吧！」媽媽也爽快回答：「好，媽媽去吃百保能。」表示會好好休息。另一個版本則描繪女兒在街上採買晚餐材料，媽媽一邊喝著熱飲，一邊等待女兒的情景。

飾演女兒的演員比幾年前大了一點（新廣告播出當時好像是十歲），變得比較可靠了，所以才能拍攝這版的廣告。不過，這應該也是因為母親在育兒期間壓力過大的情況下，透過社群網路反應並獲得了關注，使得「家庭主婦連感冒了都必須做家事，實在太過分了！」這樣的意見越來越強勢。可是廣告裡不知道為什麼完全沒有出現丈夫或兒子，感覺這又是一個可能會引起撻伐的要素。

◉台灣的感冒藥競爭白熱化？

那麼，台灣的感冒藥廣告後來怎麼樣了呢？

就結論來說，路線和之前一樣。斯斯的廣告從二〇一八年開始加入新代言人——YouTuber 蔡阿嘎，但繼續沿用羅時豐唱的廣告歌，只是重新拍了新的版本。百保能或許是注意到欣樂樂的大丈夫之舞，從二〇一七年他們開始強化用節奏和律動感來吸引人。百保能先生從遠遠守護民眾的立場往前踏出一步，和親子、考生以及上班族一起跳起活潑有趣的「感冒症狀快走開體操」。此時播放的歌曲採用台灣老歌的曲風，給人濃濃的親切感，可以感受到廠商希望觀眾可以連歌一起記起來的意圖。但是，這首歌曲因為完成度很高，長度有點太長，導致難以記住。

另一方面，欣樂樂在二〇二〇年的廣告推出了新代言人「LULU 醬」——一個大概是小學生年紀的小女孩，頭上戴著像是長了眼睛和鼻子的雲朵頭套。廣告歌也變成童謠曲風，歌詞也很簡單：「欣樂樂，咳嗽，發燒，流鼻水／欣樂樂，大丈夫！」我聽了幾次就記起來了。這無疑是為了對抗斯斯的策略（笑）。

台灣品牌的感冒藥也有同樣的傾向。順天堂的「漢方便利藥」正面對上百保能，推出有台灣老歌曲調的廣告歌和歡樂舞蹈的廣告。宮本漢方的「舒理風寒

斯斯感冒藥
羅時豐 feat. 蔡阿嘎

宮本漢方
舒理風寒散

散」也以律動感十足的歌曲宣傳商品。

雖然各家廠商似乎不斷在互相較勁，不過台灣感冒藥廣告裡的世界充滿和平，讓人很放心啊。

內行看門道

何謂千古傳唱的廣告歌？

我想到，日本也有好幾首像斯斯一樣沿用多年的廣告歌。

例如飲料製造商麒麟推出的碳酸飲料「KIRIN LEMON」的廣告歌，首次在電視上播出的時間為一九六一年，在二〇二〇年的廣告也幾乎維持原樣，壽命長達六十年之久。

歌詞的簡單程度不亞於斯斯，原始版本有一大半都在重複商品名稱，到後半

KIRIN LEMON
（2020 年）

段的「全家人都愛喝，KIRIN LEMON」才終於像比較正常的句子（笑）。

這首歌的旋律其實相當複雜，透過音階與節奏的設計，製作成常見於日本童謠或民歌的「去四七音階」曲風。所謂的去四七音階是指不用西洋音階的Fa（四）與Si（七），雖然在日本人聽來有些俗氣，但是既親切熟悉又朗朗上口，卡莉怪妞等現代的年輕歌手也經常使用去四七音階作曲。

這首歌一度在七〇～八〇年代被停用，換成符合時下風格的流行歌曲，後來又在九〇年代左右帶著改編過的歌詞及旋律強勢回歸。二〇一八年的上市九十周年紀念企劃，在網路上發表了多首由年輕人喜愛的歌手根據原曲自由改編的致敬歌曲（tribute song）。

專門生產貨車的汽車製造商 ISUZU 汽車，廣告歌〈ISUZU 的貨車〉（いすゞのトラック）同樣以去四七音階為基本旋律，歌詞也非常簡潔有力：「無止盡地奔馳，ISUZU 的貨車」。

其實這首歌意外地新，製作於二〇〇三年，但我一直以為廠商從七〇年代用到現在，網路上甚至還有人把它介紹成昭和歌曲[1]（笑）。可見它充滿日本的鄉

1 昭和：一九二六年末～一九八九年初的日本年號。現在常用來專指在一九六〇年代以後的社會氛圍。

愁與經典懷舊的感覺。但話又說回來，就廣告歌來說，連續唱了將近二十年，也已經算是名副其實的「老歌」了吧？業主非常中意這首歌曲，大幅增修旋律和歌詞，製作了四分半的完整版以及交響樂版，並且在二〇一八年以後的廣告版本中將其編成搖滾曲風。

歷史悠久的調味料製造商，東丸醬油的廣告歌〈烏龍麵湯〉（うどんスープ），或許比商品更廣為人知。歌詞先是列舉狐狸、狸貓、天婦羅、月見[2]等各種口味的烏龍麵，最後再用商品名稱東丸、烏龍麵、烏龍麵、烏龍麵湯作結。

二〇一一年登場的這首歌非但不是去四七音階，而且還用了很多半音，曲風甚至有點爵士樂的味道，但依舊給人一種懷舊的感覺。這恐怕是因為它聽起來很像電視動畫《鬼太郎》的主題曲吧。這部人氣動畫描繪日本妖怪的故事，從一九六八年開始，幾乎每十年就會重製一次，主題曲也保留最早的歌詞及旋律，歷經各種改編與不同歌手的演唱，傳唱至今，深植於各年齡層日本人的心中。而東丸醬油的廣告歌總是會讓人莫名想起這首歌。

順帶一提，廣告裡還根據烏龍麵的口味，出現狐狸、狸貓、炸蝦及荷包蛋等

2 狐狸代表豆皮；狸貓代表炸麵衣屑；月見則是雞蛋。

東丸醬油
烏龍麵湯

卡通人物，跟著音樂跳著可愛逗趣的舞蹈，這個部分也讓人聯想到在《鬼太郎》裡登場的各種妖怪，說不定是製作者故意安排的吧。

簡單好記的歌詞，再巧妙結合國民對音樂的敏感度，這樣的廣告歌擁有被千古傳唱的素質。在這層意義上，我覺得前述宮本漢方的廣告歌也很有潛力。因為我後來才發現，這首歌的原曲似乎是一首名為〈火車快飛〉的童謠。儘管為廣告做了些許改編，旋律還是很接近台灣人小時候聽過的版本，是不是有很多人會不自覺地跟著哼起來呢？如果繼續善加宣傳，我想應該很有機會成為歷久不衰的經典廣告歌。

機能飲料——

「疲勞」是喜劇、悲劇，還是存在價值？

◉好笑的疲勞，痛苦的疲勞

我很喜歡保力達的維他命飲料「蠻牛」的廣告——上班族、女主播、演員、拉麵師傅及黑道大哥等各行各業的人，因為太累而頻頻出包，使得一旁看不下去的人關心地問：「你累了嗎？」喝下商品後，他們就像換了個人似地恢復精力，迅速解決工作。

這個系列出包的部分花招百出，就像早期的喜劇一樣趣味橫生。由於廣告版

本眾多，每當我在網路上發現沒看過的版本，總是會興奮地點開來觀賞。而維士比的「白馬馬力夯」到二〇一七年為止的廣告也是類似這種感覺。

葡萄王「康貝特」的廣告則是都會風的短篇喜劇。二〇二〇年的版本，故事發生在某個現代的辦公室，一名男性搬著三個紙箱，聽到旁邊的女同事一臉陶醉地說：「好帥喔！」讓他在心中暗自竊喜。可是沒想到，她們正在稱讚的，其實是另一個一邊喝著康貝特，一邊用單手抬著八個

康貝特
（2020 年）

紙箱的男性（吳慷仁）。二〇一七年還有一個版本，描述喝了康貝特的企業家，與世界級催眠大師（虛構人物）進行對決。儘管廣告的內容五花八門，但他們共通點是都把商品的功效以詼諧幽默的方式誇張化。

日本的營養補充飲料廣告則有全然不同的傾向。武田藥品「ALINAMIN V」二〇一九年的廣告，演員松山研一飾演虛構的官員「疲勞回復大臣」，在國會傳喚證人的場合上大聲怒斥：「你們要無視疲勞到什麼時候!?」聽到這個問題，三十幾歲左右的男女回答：「我們光是撐過當下就已經精疲力盡了……。」而松山研一則加重語氣說：「這筆債，周末會回來找你們算帳！」接著拿起商品高喊：「現在就喝ALINAMIN，V字回復！」並高舉雙手，擺出V字型。

興和「Q&P KOWA GOLD DRINK」二〇二〇年的廣告，上班族的男男女女在去公司的路上一臉疲憊地抱怨：「不行了，好痛苦……」「比平常還累……」接著，代言人米倉涼子和齋藤工便拿出商品對他們說：「比平常更累的時候，就喝這個！」

這兩支廣告在描寫疲勞的部分都沒有使用搞笑元素，只有讓人物表現出很累

ALINAMIN V
（2021 年）

的樣子。除此之外，廣告中也沒有因為喝了商品恢復精神，或做事更有效率的相關內容。

◉日本法律上的規範

關於「沒有恢復疲勞的描述」這點，其實是因為受到法律上的限制。日本的營養補充飲料大多屬於被政府機關承認具有特定功效的「醫藥品」或「醫藥部外品」，這種商品不但在販售時需要有別於一般飲料的許可或認證，若是在廣告裡宣傳其他效果，還會被以誇大或不實的名義遭到禁播。舉例來說，如果在日本播放蠻牛或康貝特的廣告，「高速完成工作」和「一邊喝著商品，一邊用單手舉著八個紙箱」的橋段就很有可能觸法。

因此，日本的廣告經常以有效消除疲勞或疲勞恢復等在允許範圍內的文字直接表達效果，前述 ALINAMIN V 廣告裡的「疲勞回復大臣」，以及疲勞的「V字恢復」等皆是如此。

◉ 累到笑不出來的日本社會

另一個差別，就是日本有「不把疲勞當有趣」的傾向，這也許反映了台日雙方對於疲勞的認知差異。以我的觀察，現在的日本充斥著難以把疲勞當成笑話來看的沉重氣氛。

其實在八〇年代到九〇年代的這段期間，日本也有很多用疲勞作為笑點的廣告。當時中外製藥的「GURONSAN 強力內服液」請到搞笑藝人高田純次代言，以輕鬆幽默的方式，描述他因為太累而言行舉止失常，或是拖著疲憊的身軀努力完成白天的工作及晚上的應酬。

三共（現名「第一三共 Healthcare」）的產品「REGAIN」在九〇年代末期，請到形象瀟灑幹練的演員佐藤浩市代言。廣告用詼諧的手法，描述他因為太累而造成的失誤，例如看著在電車上睡到跌倒的上班族苦笑，結果自己以坐過站；或是在出門上班時，誤把自己的公事包當成大垃圾袋丟進垃圾場（日本會在中午前收垃圾）等。

有些廣告則像是在強迫觀眾不畏疲勞，繼續奮鬥。REGAIN從一九八九年到一九九一年，以「你可以奮戰二十四小時嗎？」為標語推出的系列廣告就是一個著名的例子。高大帥氣的演員時任三郎，用宛如機器人般的僵硬表情和動作，扮演在世界各地出差的日本企業家，廣告歌曲在當時大為流行。

然而，這些內容如今卻成了讓人笑不出來的笑話。

日本自九〇年代初期進入漫長的經濟倒退期，開啟了勞工的苦難時代。許多企業壓低雇傭人數，年輕人想要找到自己喜歡的工作可說是難上加難；再加上企業減少了以終生雇用為前提的正職員工，反而增聘限期雇用的約聘人員，或是不屬於公司體系的派遣人員等非正職員工。非正職員工大多比正職員工低薪，也沒有加薪管道，而且因為被解雇的風險高，收入也很不穩定。因此，單靠一位成年男性的收入不再足以支撐家計，夫妻都在工作的「雙薪家庭」也越來越多。

在八〇年代之前的經濟成長期，人們也因為景氣正好而忙碌不已，忙雖忙，但至少可以期待這些付出能夠換來相對應的加薪或升遷。可是這數十年來，日本不但在經濟發展上停滯不前，還因為產業結構轉型慢半拍，導致勞動生產率持續低迷。據說，薪水有保障的正職員工也被迫承擔重任以換取安定，使得工時過長以及勞務過重的情況持續惡化。對許多人來說，這是一個就算努力也得不到回報的時代。

◉用各種方式鼓勵工作的人

在這樣的背景之下，日本營養補充飲料的形象一落千丈，成了一種「用來緩解不成比例的疲勞，讓人們每天得過且過的工具」。於是，為了迎合消費者的心理，「為疲憊的人加油打氣」的廣告越來越多。

加油的方式應有盡有，譬如「異常有精神」式。ALINAMIN V的歷代廣告大多採用這種方式；疲勞回復大臣的前一個系列，由佐藤隆太、唐澤壽明及桐谷健太等三十~五十幾歲的演員代言，他們或是身著西裝、昂首闊步走在辦公街，或是在上班前大喝一聲提振精神，又或者是在路上全力衝刺並越過某些障礙物，拚命強調充滿活力的行為舉止。

其次是「展現體能」式。大正製藥的 LIPOVITAN D 從一九七七年起的系列廣告，一直是兩位男演員從事攀岩、泛舟或穿越沙漠等各種運動或冒險活動的內容。二〇一六年開始，廣告題材變成職業運動員的練習或比賽情景，例如足球選手三浦知良、美國職棒大聯盟選手大谷翔平、橄欖球的日本代表隊，以及ＮＢＡ選手八村壘等人。而佐藤製藥的 YUNKER 長年由鈴木一朗擔任代言人，廣告內容不少是用撲接或長傳等棒球技巧，展現他的身體能力。

另外還有「慰勞」式。大鵬藥品的 TIOVITA DRINK 從八〇年代起陸續推出好幾支廣告，標語為「一瓶愛情」，主題是慰勞家人（主要是丈夫）。在二〇二〇年的版本，水川麻美飾演主婦，把商品拿給在假日做飯的先生，或是帶著商品在公車站等他下班回家。

◉台日對疲勞的不同見解

這樣看下來，蠻牛的廣告反倒令人覺得不可思議。根據二〇一九年的統計，

TIOVITA DRINK
（2020 年）

台灣的平均工時比日本多了兩成[1]，照理說應該有很多人累得半死才對，為何廣告還能把疲憊的人當成笑話看呢？

或許，是因為台灣人和日本人對工作有著不同程度的執著。一般而言，台灣勞動力的流動率比日本還高，光是我這十年來在網路上認識的台灣朋友，轉職的頻率就比日本人高；在我的印象裡，有很多人跳槽到與前一份工作毫不相干的職業，抑或是選擇自己創業。

而且，我曾看過一些有滯台經驗的日本人的部落格，其中寫到台灣人的工作環境和工作意識，像是「台灣不像日本會保留名額給應屆畢業生，打從出社會開始就只能靠實力說話，如果不拿出成果換取升遷，薪水就不會增加」「台灣人把工作當成獲取個人成功與達成目標的墊腳石」「台灣人有重視結果更勝於過程的傾向」等等。

換言之，盡量善用方法迴避麻煩的事，迅速做出成果，進入下一階段——說不定台灣人比日本人更加擅長這種理性果斷的思考模式。蠻牛的廣告正是切中這種心理，因此像是「會累到犯錯的，都是那些不懂得善用方法的傻瓜」這種帶有

1 中華民國外交部《TAIWAN TODAY》日文版，二〇一九年十月一日。

嘲諷意味的表現手法，才能適用於台灣，不是嗎？

日本恐怕很難產生這種思考模式吧。首要原因是轉職的門檻很高，除了難以脫離終生雇用文化以外，我還聽說企業在錄用新人時，也比較偏好應屆畢業生，對資深的人（也就是有可能和公司風氣合不來的人）敬而遠之。參考網路上的徵才廣告，可以發現有非常多企業以「為累積經驗，需長期任職」為由，設下應徵者必須未滿三十歲的年齡限制。

此外，日本也很重視同事之間的相處和努力過程。這些環境讓日本人很容易覺得：即使對目前的工作有所不滿，比起前往新天地，還不如留在原地繼續努力比較合理。正因如此，表現出「就算有點累，也要在緩解疲勞後繼續加油」的廣告才會達到宣傳效果。

◉ 笑料百出的台灣能量飲廣告

接著來看能量飲料的廣告。代表性的商品有紅牛（Red Bull）及魔爪

(Monster Energy)，定位是給年輕人的營養補充飲料。不過，紅牛的台灣版和日本版廣告幾乎大同小異；魔爪則以和運動選手合作等廣告以外的行銷宣傳為主，無法作為本書的題材。因此，我只好用勢力不及這兩支品牌的國產飲料廣告進行比較，但仍然從中發現了有趣的差別。

台灣能量飲廣告的內容通常和運動或休閒娛樂有關。

葡萄王的「PowerBOMB」分別在二〇一六年及二〇一八年推出以徑賽、網球和籃球為主題的逗趣廣告。例如二〇一八年的「極限秀」系列，可以看到霹靂舞和古典芭蕾的動作，被改編成五秒穿衣褲、五秒不用手圍圍巾等特技般的搞笑行為。

宏碁在二〇二〇年發售的「PREDATOR SHOT」，將足球訓練及寬板滑水作為廣告題材，展現樸實無華的練習風景，建立支持運動員的品牌形象。

維士比的「馬力夯 PLUS」為不同客群推出多種風格迥異的廣告。首先是吸引年輕人的廣告，其中一支描述外表看來二十幾歲的可愛女生正在積極健身；而由演員謝坤達代言的廣告，則是他從電視畫面裡伸出手，把商品遞給半夜看他演

5 秒不用手圍圍巾
(2018 年)

的戲看到睡著的年輕人。

此外也有以中高年男性為客群的廣告，內容描述香港老牌演員任達華正在進行體能訓練，以手腳被鎖鏈固定在牆上的意象象徵疲勞。喝下商品後，他的眼睛閃過奇異的光芒，隨即大吼一聲扯斷鎖鏈，接著再一拳打破沙袋。這就像是蠻牛廣告的帥氣升級版，以誇張的表現突顯商品效果。這種做法或許是想吸引營養補充飲料的固定客群，但完全感受不到與工作的關聯性。

這個品牌在二〇二一年還做了一支無厘頭的廣告，描述五十多歲的人氣搖滾歌手伍佰，莫名搭乘火箭降落在無人行星演奏吉他。由於伍佰原本就是該公司專為體力勞動者推出的藥用酒——「三洋維士比液」的代言人，可以推測這支廣告應該是要吸引同年齡層的客群，不過還是沒有關於工作的描述。

◉日本的能量飲廣告是工作×緊張感

在能量飲料上，日本廣告果然還是和台灣有著截然不同的傾向。以二〇二〇年來說，目標受眾接近營養補充飲料客群（即三～四十多歲的勞工）的商品備受矚目，而且廣告的表現手法更是有過之而無不及。

二〇二〇年，三得利推出品名延伸自罐裝咖啡 BOSS 的能量飲料「IRON BOSS」。在宣傳新品上市的廣告裡，長年代言 BOSS、來到地球進行調查的外星人——湯米．李．瓊斯，展現了有如電影《終極警探》般精采絕倫的動作特技。

開會快遲到的主角在備妥資料後，撞破辦公室的窗戶一躍而下，從十幾層樓高的地方完美著地。接著原本打算攀住一台計程車的車頂搭便車，卻因為不慎滑落，變成抓住車尾、踩在自己的公事包上，像是在玩寬板滑水般一路滑到目的地。然後他接著垂直跑上大樓的外牆，撞破牆壁，衝進會議室，只說了一句：「不好意思，讓各位久等了。」便開始把資料發給客戶。

他從頭到尾維持著一號表情，每個動作都做得非常認真。順帶一提，他在罐裝咖啡的廣告裡也時常發揮超越地球常識的神奇能力，所以並不算是「誇大」商品的效果（笑）。

在前一年的二〇一九年，可口可樂推出了「REAL GOLD DRAGON

IRON BOSS
（2020 年）

BOOST」能量飲料。上市廣告請來自九〇年代開始活躍於歌壇的搖滾歌手Tortoise松本代言，在錄音室裡唱著像〈*Sex Machine*〉一樣強而有力的歌曲，同時不停穿插各行各業的人忙於工作的影像，像是拿著電話在人群中奔跑的上班族、推著腳踏車急忙穿越平交道的主婦，以及DJ、工匠等。他們有的因為工作不順陷入困境，有的抹去汗水茫然地望向天空，為了跨越難關而拚命努力。歌詞則唱出了他們的心聲：

即使灰頭土臉，就算筋疲力竭，我也不會放棄，繼續奮鬥到底。
和原本想像的，完全不一樣，
沒什麼大不了的。就將它，一笑置之吧！

這裡的「一笑置之」並不是真的想笑，而是所謂的強顏歡笑，代表硬是打起精神度過難關的心態。

二〇二〇年上市的三得利「ZONe」是以接觸數位文化的年輕世代為受眾的能量飲料。在概念影片裡，軟體工程師在喝了一口商品後瞬間「啟動」（眼睛出現很像電腦電源符號的商標），開始猛烈地敲打鍵盤。影片裡還有出現遊戲玩家、DTM數位音樂家以及用繪圖板作畫的插畫家，同樣拚了命地進行工作。

前述的廣告情境大多和營養補充飲料一樣都是工作，而且多半是呈現被逼入絕境或十萬火急的情況，象徵這點的正是在ZONe的廣告裡，工作中的人們不經意露出的瘋狂笑容。

◉日本能量飲料的瘋狂史

其實，在更久以前的日本能量飲料廣告，可以看到更誇張的瘋狂表現。

大正製藥「RAIZIN」二〇一七年的廣告，主題是日本體育大學的體操表演「集體行動」。一群人踏著整齊劃一的步伐，從四個方向列隊走向行人穿越道。他們或是擦肩而過，或是齊步倒退，或是改變隊形繞著圓圈，上演一場無止盡的奇怪遊行。所有人的體型、服裝和動作全都一致到令人不寒而慄，想必是電腦動畫吧。背景音樂則是不斷重複韋瓦第小提琴協奏曲〈春〉的前三小節，簡直就像

RAIZIN
（2017年）

是發燒時夢到的詭異夢境。

二〇一九年可口可樂的「COCA-COLA ENERGY」廣告也像中了幻覺一般不可思議。

瓶身設計是無數條紅黑相間的扭曲條紋，廣告也沿用了這個主題，讓整個畫面充滿扭曲的黑白條紋，還有三個由紅黑條紋組成的電腦動畫人物在裡面跳著現代舞，讓我聯想到如果服用某種毒品或迷幻藥的話，說不定也會產生這樣的感覺（我後來發現，在歐洲等地播出的廣告也用了類似的風格）。

促成這些表現手法的背景原因，恐怕是因為人們莫名覺得能量飲料是一種「危險的東西」。能量飲料在日本沒有被納入醫藥品，而是一般的清涼飲料，可是一瓶能量飲料的咖啡因含量比營養補充飲料還高，因此具有相當的提神效果，也有些醫學專家提出多喝能量飲料有礙健康的見解。

或許是因為這個原因，許多日本的年輕人會把「喝」能量飲料說成「キメる（kimeru）」，這個詞衍生自日文的「決定（決める）」，而這個平、片假名混用的用法也有嗑藥後覺得很 High 的意思。前述這些廣告應該是想用這種奇怪的方式吸引年輕人，但似乎並沒有抓住消費者的心，因為後來就沒看到類似表現的廣告了。

另一方面，早期還有把能量飲料當成「溫和版營養補充飲料」賣給年輕上班族的廣告。先前提到的「你可以奮戰二十四小時嗎？」的REGAIN，在二〇一四年推出了「REGAIN ENERGY DRINK」，並由人氣懷舊漫畫《福星小子》的角色代言，推出氣氛比較輕鬆的廣告台詞：「你可以奮戰三、四小時嗎？」。新商品雖然也有造成話題，卻好像沒有帶動實際銷量，大約一年左右就停售了。儘管細查起來沒完沒了，但這種例子似乎並不少見。

從經歷這些變革後所誕生的IRON BOSS和DRAGON BOOST的廣告裡，可以看到廠商結合了至今為止的各種宣傳手法，意圖把這些產品作為「讓大人打起精神投入工作的飲料」販售。雖然不曉得是否有造成轟動，但我認為這種方法是可行的。

之所以這麼說，是因為日本人習慣從忙碌或疲勞中找出某種「價值」。

◉「忙碌」本身是有價值的

有一句老話說：「努力工作，貢獻社會」。但事實上，若是在工作到貢獻之間，沒有拿出成果，那麼這句話就是不成立的。我覺得有很多日本人簡化了這個道理，認為有工作就等於有貢獻。這麼一來，不論是否有拿出成果，只要為了工作勞累奔波，就可以認為「自己有做出貢獻，是被公司需要的人」。

這種想法結合想被他人認同的渴望，使得日本出現了一種新名詞：「表現得很忙的樣子（忙しいアピール）」、「表現得很累的樣子（大変アピール）」，專指那些老是喜歡把自己有多忙掛在嘴邊的人，例如「我最近都沒有出去玩耶」「我昨天只睡了三個小時」等等。甚至有人會為了開啟這個話題，刻意地頻繁嘆氣或表現出肩膀痠痛的模樣。

網路上可以看到很多文章批判這種人，說他們很煩，或數落他們是典型的工作能力很差的人。然而，這些批評會散播開來，其實就代表這種行為在某種程度上是吃得開的。另外，也有人是把肉體或精神上的壓力當成是一種自我磨練。

年輕一輩的日本人開始追求合理性，或許有很多人覺得為了無謂的工作累得半死也沒意義，既然要拚盡全力，有結果總比沒結果好。這種觀念就出現在前述ZONe的廣告裡，那些以驚人氣勢完成工作（即拿出成果）的人身上。除此之外，人們也開始對拚命工作到身心俱疲的行為產生質疑。

◉ 寶可夢也喝機能飲料？

不過，靠著這些飲料繼續打拚的文化，在日本暫時還不會有什麼改變吧。畢竟這個產業從半個世紀以前，就已經在培育下一代的消費者了。

大塚製藥在一九六五年推出的「ORONAMIN C」堪稱是能量飲料的始祖，雖然和果汁、茶一樣被歸類為清涼飲料，少量的咖啡因、看起來像營養補充飲料的棕色小瓶子，以及略高的定價，都讓人多少對它的效果抱有期待。

這個商品的客群雖不限於兒童，但是一直很重視針對兒童的促銷活動，我記得自己小時候也看過人氣職棒球隊和棒球少年一同暢飲商品的廣告。二〇一八年起，廣告找來清原果耶、森七菜等十幾歲的人氣女演員，向高中生進行宣傳。裡面並沒有關於恢復疲勞的內容，而是大多描述她們在經歷失敗或心情低落時，喝了此商品而打起精神。

作為後繼的類似商品，三得利在一九九二年推出了「DEKAVITA C」，利用將近是ORONAMIN C兩倍大的容量，以及各種為年輕人設計的幽默廣告，成功將品牌形象塑造成廉價版的ORONAMIN C。

二〇一八年的廣告，生田斗真、池松壯亮及二階堂富美等年輕演員，扮演《魔物獵人》和《瑪利歐體壇超明星》等電玩遊戲的角色，在善變玩家的操控下進行各種遊戲，他們拖著疲憊的身軀喝下商品繼續努力的模樣，像極了被無能上司折磨的下屬。二〇二〇年的廣告則是熊本熊、船梨精和遷都君等日本各地的吉祥物，在喝了商品後發生突變，像是忽然變成渾身肌肉，或是可以從眼睛發出雷射光等等，引發熱烈討論。

有些廣告則是將原本賣給成年人的營養補充飲料推薦給青少年。前述以「一瓶愛情」為標語的TIOVITA DRINK，在二〇一五年到二〇一八年之間的廣告，主角都是高橋光所飾演的女高中生。起初是她拿出商品慰勞父母，後來也加入了她自己喝的版本。

另外也有賣給小學生和國中生的營養補充飲料。大正製藥於二〇〇〇年推出的「LIPOVITAN Jr.」（八～十四歲適用），在十瓶裝的紙箱上印著標語「忙碌的現代社會，加油吧 Junior！」而賣給更低年齡層（五～十四歲適用）的「LIPOVITAN D KIDS」，標籤上則印有代表活力與強大的「寶可夢」。

這麼說來，電玩遊戲《精靈寶可夢》裡面的道具也有「營養補充飲料」，中文版似乎翻成「攻擊增強劑」和「防禦增強劑」，但日文版則是「牛磺酸」、「布朗信」等營養補充飲料的成分名稱。雖然不知道這種設定是否來自飲料廠商的介入，但應該有讓小孩子知道「喝了這些成分可以恢復精神」的效果。

◉寶礦力水得廣告裡激烈的「集體行動」

由此可見，日本人從小就對「喝提神飲料對抗難關」的文化耳濡目染，而讓我覺得這種文化或許已經來到最高峰的作品，是大塚製藥的運動飲料「寶礦力水得」，從二〇一六年開始為國、高中生所設計的廣告。雖然並不屬於營養補充飲料的範疇，但我想在最後介紹給各位讀者。

數百位國、高中生在校園、海邊或街道上整齊列隊，唱著鼓舞人心的激昂歌曲，表演有如拳法套路般的激烈舞蹈。中間也穿插了他們開心打鬧的畫面，但男、女主角的臉上鮮少有笑容；在其中一個版本，他們甚至用力甩動頭髮，露出憤怒或像是尖叫般的表情跳舞。歌詞如發揮全力，創造奇蹟、只顧著細數自己的缺點，越數越害怕、做得到，做不到，依舊亂七八糟搞不清……全都有種被什麼東西追趕的感覺；同一時期的台灣版廣告，則是好幾位應該是偶像團體的女生，在海邊渡假村的水上活動玩得不亦樂乎，內容多半天真無邪並充滿朝氣，與日本版形成強烈對比。

二〇二〇年的版本或許是為了因應在疫情下改變的社會氛圍，增加了對每個人的個性或笑容的特寫；而二〇二一 年的版本則用幻想風格來表現存在於孤獨之後的希望，但依然保留了拚命掙扎的感覺。

寶礦力水得
（2021 年）

儘管他們的熱情活力讓我深受感動，然而我也在這種表現手法的背後，感受到一種無言的壓力，也就是企圖以使命感、同儕情誼，以及對實現自我的憧憬為誘餌，促使年輕人把自己的精力獻給大人社會。說到底，這種澎湃激昂的舞蹈表演，還不是和「加油吧 Junior！」（LIPOVITAN Jr.）與「筋疲力竭也要繼續奮鬥」（DRAGON BOOST）同一個概念？只希望這些孩子未來的人生，不會變成像 RAIZIN 的廣告裡那些打扮成上班族、表演集體行動的虛擬人物一樣。

人壽保險——
如何面對傷、老、病、死？

◉震撼力十足的台灣廣告

在網路上連續看了好幾支台灣的壽險廣告後，我突然對自己和家人的人生充滿不安。

YouTube 上有很多被稱作微電影的廣告影片，每部片長約兩分半到七分鐘。而台灣的微電影廣告，其中有多數使用媲美電影的精緻畫面和戲劇性手法，描繪人的傷、老、病、死的內容。有些描寫甚至會讓人看了很難過。

在合作金庫人壽的微電影廣告「一眨眼的幸福」（二〇一七年）中，一位妻子在回憶因為腦癌過世的丈夫。在病房看到丈夫拿出寫著腦癌三期的診斷書後，妻子情緒潰堤的模樣令人動容。接著，影片一邊穿插夫妻買房子、小孩出生等一幕幕幸福回憶的橋段，一邊描述丈夫的病情逐漸惡化。在回憶的最後，病入膏肓的丈夫對她說：「醫療費跟房子的錢，我準備好了。」最後一幕則是被留下來的妻子、婆婆和女兒過著安穩的生活。

合作金庫人壽
一眨眼的幸福

同一間人壽公司的廣告「把愛留給最愛」中（二〇一二年），將失智父親的症狀赤裸裸地呈現在觀眾眼前。例如不知道回家的路、認不得兒子的臉，以及在家中和醫院數度失禁等等，強迫觀眾正視這些沒有人敢想像，卻可能發生在每一個人身上的情況。

遠雄人壽的廣告「願．望」裡（二〇一五年），鮮明刻劃一位年輕女子罹患罕見疾病「亨丁頓舞蹈症」的症狀。她不僅被迫放棄成為舞蹈家的夢想，手腳還會不停抖動，無法好好走路或拿取物品。她把自己關在家裡那副絕望崩潰的模樣，讓人看了怵目驚心。

更震撼的還有國泰人壽的的「Love On Air」（二〇一八年）。在絲毫感受不到死亡的日常裡，女主角的父親在騎車出門時，遭到廂型車衝撞而驟逝。廣告用長鏡頭拍攝父親連人帶車被撞飛的畫面，製造出宛如親眼目睹車禍的臨場感，嚇得我忍不住發出驚呼，過了一會兒才平復心情。特技演員應該也很辛苦吧。

可能是為了讓觀眾融入劇情，這些廣告都找了很會演戲的演員。開頭提到的廣告「一眨眼的幸福」中，就連跟劇情主軸無關的婆婆，演技都讓人印象深刻。

國泰人壽
Love On Air

她發揮了精湛的演技，用眼睛就能表現出失智症患者忽然從呆滯恢復正常的模樣。為了讓他們的演技充分發揮，我想導演和製片也必須要有很強的能力。

而除了病患本身的苦惱之外，還有很多廣告描述夫妻因為財務問題而發生爭執。

◉拐彎抹角的日本廣告

至於日本的壽險廣告，對於這種描寫非常消極。日本的劇情廣告本就不多，但我還是介紹一些自己找到的例子，比如歐力士生命的廣告「給太太的退休金」（二〇一七年）。

一開始的畫面是一對三、四十歲的夫妻，大概十四、五歲的女兒和應該是先生媽媽的老婦人，在整理某個人住過的房間。

老婦人拿起從房間裡找到的外套，對那位三、四十歲的先生說：「這件如果你肯拿去穿，你爸也會很高興的。」接著拍到佛壇上有一張男性長者的遺照。由

歐力士生命
給太太的退休金

此可知，這一幕是在父親的喪禮之後，住在其他地方的兒子一家人，回老家幫忙整理父親以前住的房間。

也就是說，故事是從被保險人的死後開始，完全沒有關於死因的描述。他們在房間的櫃子裡發現一封父親留給母親（老婦人）的信。信上寫了對妻子的感謝，以及如果自己先走了，希望她可以隨心所欲地度過餘生。隨信還附了一份用以作為資金的保單。後來，母親在一間看起來很高級的養老院安享晚年。兒子則被父親的體貼感動，同樣投保了壽險，以自己的太太為受益人，並寫下一封留給太太的信。

整支廣告都沒有直接的描寫，而是用很迂迴的方式來表現傷、老、病、死。演員的演技不太好這點也和台灣形成對比。雖然也有可能是預算的關係，但我還是忍不住認為，業主應該是不想用太逼真的演技刺激觀眾吧。而且在故事開始之前，還先用一分鐘左右的影片說明社會背景。打扮成新聞主播的年輕女子用圖表說明超高齡社會逐漸加劇的日本現況，指出老老照顧、醫療和疾病等長壽風險。這種說明似乎也有防止觀眾入戲太深的效果。

◉「正視死亡」的極限

日本大型保險公司住友生命推出的一分鐘廣告「dear my family」（二〇一六年），在YouTube影片資訊欄的如下說明，勾起了我的興趣。

> 「失去心愛的家人」，我們正視了這個明明與人壽保險的本質息息相關，卻從來不曾有廣告觸及的主題。

既然說到這個份上，裡面應該有對生病或死亡的深入描寫吧？我抱著這樣的期待點開了影片。

故事背景是偏鄉城鎮裡的一家老字號米店。放學回家的高中生弟弟對著正在店裡工作的哥哥說：「我拿到背號了！」並亮出號碼布。從這一幕可以看出，弟弟參加了學校的棒球社，在經過一番努力後成為先發選手，家人也很期待他的表現。

哥哥停下手邊的工作，盯著號碼布看了一會兒，說：「喔！你要跟老爸說

住友生命
dear my family

喔。」弟弟回答等一下再去，但哥哥又加重了語氣，要他現在就去，因為老爸一直很期待。接著弟弟走進一個房間，對著放在桌上的遺照攤開號碼布。可見父親已經過世了，而「馬上把號碼布拿給父親看」的這個行為，讓人覺得「父親還活在兄弟倆心中」。

在那之後，弟弟把背號拿給回到家的母親看，母親告訴他：「會和你爸一起去看比賽。」這句話應該是會帶著父親的遺照去看比賽的意思。可見對母親來說，父親也還活在她的心中。

雖然這支廣告讓人看了為之動容，但故事依然是從被保險者的死後開始。而且，明明是保險公司的廣告，裡面卻對保險隻字未提，取而代之的是關於安定的描寫。具體來說，整支影片由從隔壁房間和樓梯上拍攝的長鏡頭構成，與國泰人壽的「Love On Air」用長鏡頭強調死亡臨場感的做法相反，這支影片用長鏡頭營造生活一如往常的印象，表達他們（靠著父親之前購買的壽險）維持普通的生活。

這就是日本大型保險公司在當時用全力表現出「直視失去心愛家人」的廣

告。不過，習慣更直截了當的台灣人可能會看不懂吧。

◉避免過於逼真的表現手法

日本也不是完全沒有直接描寫傷、老、病、死的廣告。只不過，這些廣告大多會用某些降低衝擊性的方法進行包裝。

以住友生命緊接在「dear my family」之後公開的三分半廣告「Story Movie」（二〇一六年）為例。

一個獨生女在雙親的愛情灌溉下慢慢長大。進入叛逆期後，她因為一些小事與父親發生衝突。隔天，父親因為車禍意外過世。喪禮當天，她在保單裡面找到一封父親的信，信上寫著「謝謝妳出生在這個世上」。她泣不成聲。幾年後，她實現自己的夢想，開了一家花店。保險業務員笑著經過店門口，暗示她用父親留下來的保險金過著安定的生活。

另外還有損保JAPAN日本興亞向日葵生命（現名「SOMPO向日葵生命保

險」）長約三分鐘的作品——「照護與生活」（二〇一七年）。母親失智後，原本是職業婦女的女兒為了照顧母親而辭去工作（這種情況稱為「照護離職」，是日本今後要面對的一大課題）。

這兩支廣告直接描寫當事人所面臨的不幸與負面情感，並使用臉部特寫和傾斜的構圖刺激觀眾的情緒。不過皆非真人廣告，而是用類似鉛筆筆觸的翻頁漫畫，搭配平靜的背景配樂所製成的默劇動畫。

其實這種表現手法其來有自。從幾年前開始，搞笑藝人「鐵拳」發表了好幾部以愛情或人生為題，長度在四～五分鐘的翻頁漫畫影片，因為賺人熱淚而引發話題。由於「Story Movie」和「照護與生活」這兩支廣告的畫風和音樂都很接近鐵拳的作品，可以讓觀眾事先做好應該會哭的心理準備。不僅避免用真人拍攝，還模仿既有的表現手法，為內容帶來的衝擊提供雙層緩衝。若是用相同的內容製作有台詞的真人廣告，應該會因為太刺激而無法在日本播出吧。

使用不同表現手法的例子則有保德信的「天空，很溫暖」（二〇一七年）。這是一支根據真人真事改編，將近十分鐘長的廣告。一位已婚，家有一個年幼孩

SOMPO 向日葵生命
照護與生活

子的男性，在簽訂保險契約的不久後車禍身亡。雖然沒有車禍的畫面，但可以看到以日本廣告來說比較直接的描寫，例如業務員在電話裡聽到太太哭著說：「外子在公司前面被卡車……。」或是當他趕到醫院後，看到太太露出悲傷的表情等等。不過，這支廣告把真人影像轉換成水彩風格的電腦動畫，還把幀率[1]調到五幀左右，降低動作的流暢度，讓影片看起來沒那麼真實。

◉保險商品的廣告要以諧風格呈現

以上舉的是品牌或企業廣告的例子。日本有很多宣傳個別保險商品的廣告，但依舊鮮少逼真的描寫，大部分以輕鬆幽默風格為基礎，用公式化的視覺表現或關鍵字等符碼提供暗示。

以會在因傷病無法工作的期間補貼生活費的「收入保障型保險」這項商品為例。AFLAC（American Family Life Assurance Company of Columbus）請到西島秀俊和渡邊直美；日本生命是生田斗真；明治安田生命則選了松岡修

1 幀率（Frame Per Second; fps）：指一秒鐘的影片含多少張靜態圖片。如五幀即一秒鐘內由五張靜態畫面連續播組成。

造等知名藝人推出廣告（皆為二〇一七～二〇一八年）。

西島秀俊和生田斗真演出的廣告都是住院的情境，他們只靠「穿著病人服，躺在病房的病床上」的樣子來表現健康出現異常。如果是台灣的廣告，感覺會出現有人被車撞到橫倒路邊，或是按住胸口蜷縮身體的畫面。

松岡修造的廣告則是連病人服都沒穿，甚至利用影像合成，一次讓四個松岡修造登場（笑）。他分別扮演果菜行老闆、廚師、營造業者以及上班族。松岡從床上坐起來說：「沒辦法工作讓我好擔心！」「我是自營業，所以會沒有收入……」而且這些床位於舞台中央，一開始還有升起的布幕、觀眾的掌聲等舞台表演會出現的效果，用大量代表非現實的記號，強調故事的虛構性質。

住友生命的「1UP」也是相同類型的保險廣告（二〇一六年～），由人氣演員永山瑛太（現名永山瑛太）飾演內向的菜鳥上班族，但內容完全沒有提及生病或受傷。他採取了一些比平常稍微積極一點的舉動，例如小聲告訴上司：「（你的石門水庫）沒關。」或是在和同事去卡拉OK時幫前輩和音。同事看到後恍然大悟地想：「喔～原來他投保了1UP啊。」是一系列很無厘頭，像是日常搞笑漫畫的廣告。這些廣告應該是想要表達：投保後，就不用擔心生病或受傷時的生活費，所以可以比以前更勇於挑戰。可是……有人看得懂嗎？

住友生命在二〇一八年推出新商品「Vitality」，特色是能透過運動或健康檢查等有益健康的活動降低保費。而這支廣告同樣沒有關於傷病的描寫，也完全沒有說明保障內容，只有搞笑雙人組「香蕉人」站在有爵士樂團伴奏的舞台上，用幽默的對話宣傳保費打折、用有益健康的活動集點等獎勵機制。

另外也有很多廣告利用莫名其妙的設定來製造喜劇效果。

在AFLAC的醫療保險廣告（二〇一七年）中，加藤諒飾演一位長生不老的男子。他從古墳時代活到現在，說自己是埴輪[2]的模特兒、參加過一六〇〇年的關原之戰，還在江戶時代末期目睹美國的「黑船」來航。接著又說：「可是活了這麼久，身體也會有很多毛病……現在真好，有AFLAC。」

另一支廣告「NEO FIRST」（二〇一六年），被保險人是特攝英雄片《假面騎士》的反派組織「修卡」的戰鬥員。內容描述他因為工作太操勞（畢竟要和假面騎士戰鬥）得到胃潰瘍；升格成主管之後，又因為運動不足而有了代謝症候

2 埴輪日本的古墳周圍會擺放的一種土偶陶器。

群，讓飾演妻子的二階堂富美很擔心。巧妙點出生活中的風險，卻不會給人壓迫感。

◉用「商品」賣保險，還是用「人品」賣保險？

相較之下，台灣的壽險商品廣告比日本少很多，而且呈現的方式相當多元，從認真嚴肅到幽默詼諧應有盡有。

臺銀人壽在二〇一六年為名為「幸福人生殘廢照護終身保險」的商品上推出兩種版本的廣告，一種是主角因為車禍失去雙腳的嚴肅劇情；另一種則是主角被殭屍咬到的無厘頭喜劇。而新光人壽在二〇一六年的廣告「HER大女子保險計劃」，描述女性為了各種原因放棄留學、興趣或升遷的苦惱；隔年的「大男子大女子保險計劃」以漫畫般的風格呈現，用打扮成芭比和肯尼娃娃的情侶表現出男女不同的價值觀。還有遠雄人壽「全方位醫療保險計劃」的廣告「讓你更英雄」（二〇一六年），則模仿了日本的特攝電視劇《宇宙刑事》，並用日文歌作為背景配樂。

台灣很少有透過系列化的商品廣告來宣傳品牌的例子，整體看起來比較像只重視一次性效果的實驗性廣告。相反地，他們似乎在提升保險業務員形象的廣告上花了比較多心力。

南山人壽的「南山公平待客之道」系列廣告（二〇二〇年），用喜劇的方式呈現業務員貫徹理想工作態度的模樣。一位新進員工為了成為優秀的業務員而發憤圖強，在接受線上課程時經常朝自己的臉潑杯水揮去睡意；一位員工秉持「言必行，行必果」的準則，就連和同事出去吃飯也要錙銖必較；另一位員工則是為了把期滿的保險金交給不知去向的客戶而走遍大街小巷。

台灣人壽的廣告「無價的微幸福」（二〇一七年），描述一位業務員在路上救了一個賣彩券的女子。後來因為沒看到她來賣彩券，便親自拜訪女子的家，並熱心傾聽她的煩惱。

日本這邊，SONY 生命曾經打出「LIFE PLANNER VALUE」的廣告標語，將幾位投保者與業務員之間的故事做成影片，但這種例子實屬少數。

台日之間的這種廣告取向差異，或許反映了兩國在保險行銷手法上的不同。我的推測是，由於日本是以主力商品的知名度作為吸引顧客投保的誘因，因此著重在打響商品的名號；反之，台灣則多由業務員推薦保險方案，因此比起推銷商品，提升企業或業務員的形象是更合理的做法。兩國之間也許存在著這樣的差別吧。

◉從徵才廣告看業務員的差異

或許是因為這樣的背景，台灣保險公司的業務員徵才廣告也很多元。

元大人壽的廣告「為生活拚命吧」（二〇一五年）讓我印象深刻。年輕的OL全神貫注地追著自己被風吹走的五百元鈔票，沿途先是撞倒了攤販的桌椅和路上的混混，接著又奮不顧身地撲進垃圾堆和工地灌到一半的水泥裡。費盡千辛萬苦之後，她終於抓住鈔票，露出開心的笑容。接著，畫面上出現她的名字「郝兼池」，以及廣告標語「我們要這樣的人」。換句話說，這支廣告應該是想

元大人壽
為生活拚命吧

要表達：我們需要你付出十二萬分的努力，但相對的，薪水也很高。覺得非我莫屬的人，快來加入我們吧！（笑）

另外還有一些廣告強調工作的價值與未來發展性。在富邦人壽為了「找工作被打回票的人」所製作的廣告「特別的人」（二〇一七年）中，四位主管級員工在時髦的酒吧和餐廳，用熱情又充滿正能量的語氣討論自己的工作和人生哲學，形容自己的職場是「一個創業制度的公司」。而另一支廣告「在你的主場發熱發光」（二〇一八年），則是邀請考慮返鄉工作的年輕人到各地的分公司就職，把那裡當成能夠「發熱發光的主場」。

國泰人壽把工作與生活的平衡作為宣傳重點。廣告「你的 Monday 是什麼顏色？」（二〇一七年）強調利用彈性的工作時間充實興趣和生活；「守護陣頭文化的保險業務員」（二〇一八年）則介紹一位員工利用空檔參加地方的「官將首」藝陣，為傳統文化盡一份心力。

看了這些廣告，我頓時覺得未來充滿光明。感覺保險業務員應該是一份只要肯好好努力，就能獲得自由和社會地位的工作吧。

相較之下，日本保險公司的徵才廣告就顯得很普通。

日本生命數十年來皆鎖定已婚婦女為目標，連續推出相關的徵才廣告。二〇一九年的版本，飾演業務員的代言人走訪鄉里、訪問客戶，和居民以及商店街的店家們笑著談天。裡面並沒有提到工作的優點或升遷的可能性，只是一味地把好像很開心、感覺我也做得到的印象呈現給觀眾。

住友生命二〇二一年推出了一些影片，給正在找工作的學生們。其中一支是三十秒左右的企業形象廣告，用加了繽紛特效的人物和總公司大樓的畫面，搭配「我們創造的是，希望」這種不具體的廣告詞。另外還有員工的訪談影片，但內容就像說教一樣，為學生們建立如下的抽象觀念：往後的需求不是像機械一樣工作，而是獨立思考的能力；失敗沒關係，重點是失敗之後要怎麼做；為了幫助客戶，我們不斷進化等等。

如果說這樣的差異也反映了業務員的決定權等工作模式的差別，我就能夠理解了。

◉為什麼日本人不讓人看到傷、老、病、死？

回到正題，是什麼背景因素造就了台灣和日本的廣告在表現傷、老、病、死上的差異呢？

其實在日本，不是只有廣告會避免直接表現死亡。報章雜誌或電視新聞在報導死亡案件、事故或自然災害時，都不會使用拍到屍體的照片或影像，也很少拍到血跡，只會用整理過的現場或弔唁死者的鮮花暗示死亡。在事故現場，負責偵辦的警察也會在屍體可能被看到的地方拉起藍色塑膠布，隔絕外界的視線。

這種做法讓我聯想到日本自古以來就有「汙穢（穢れ）」的概念。

所謂的汙穢是指死亡、疾病、月經、受傷、、詛咒、犯罪等使人或物處於不祥的狀態（與實際的髒汙或危害無關，而是在社會上被如此解釋）。相傳是佛教的「不淨」與日本原生宗教神道的習俗結合後所形成的概念。

據說傳統神道有一種作法：服喪期間，必須用白色半紙[3]蓋住家中的神龕，避免讓神明看見汙穢。在日本的壽險廣告也可以看到類似的概念——或許不論是

3 半紙（はんし）：為日本紙的一種，大多用於寫書法，類似宣紙。

業主還是觀眾，都不想在基本上屬於娛樂範疇的電視節目或網路影片上，被死亡、受傷或疾病的畫面「汙染眼睛」吧。

◉日本人與「言靈」

同樣地，我認為「言靈信仰」也是背後的因素之一。言靈也是日本自古以來的觀念，是相信「人的話語具有咒力，說出口便會成真」的一種迷信，還曾經出現在西元七~八世紀成冊的和歌集《萬葉集》內。

現在大多數的日本人在生活中或多或少還是會意識到言靈。比方說，避免在婚禮致詞講到「分離」、「壞掉」，以及不要在考生面前提到「滑倒」、「掉落」（兩者都有「落榜」的意思）等都是一般的禮節。

我最近在網路論壇上看到一則故事：一位主婦和其他主婦朋友一起規劃家庭野餐，她問其他人：「如果下雨的話，要改成去哪裡好呢？」沒想到其中一個朋友卻嫌她烏鴉嘴。而當野餐真的因為下雨取消之後，更有人怪她：「都是因為妳說什麼下不下雨，結果真的下雨了啦！」

分析日本人的思考及行為模式的評論家山本七平，也在回憶第二次世界大戰時提到相同的例子：有人問：「日本會不會輸啊？」其他人聽了便對著他罵：「就是因為有人講這種話，日本才會輸啦！烏鴉嘴！」[4]

雖然不是每個人講話都這麼偏激，但有很多日本人為了穩住現場的氣氛或自己的情緒，明知不合理，還是會盡量不說或不去想負面的事。廣告基本上以影像呈現，不算言靈，但對於心理層面的影響力可以說比言語更大。因此可能也是日本壽險廣告表現得拐彎抹角的背景因素之一吧。

4 山本七平、小室直樹《日本教的社會學》（一九八一年）。

◉面對超高齡社會與多死社會

日本在戰後的數十年間，醫學、生活方面有了大幅的進步和改善，但另一方面，核心家庭化導致人們與親戚或街坊鄰居之間的交流越來越少，也少有機會接觸到身邊其他人的傷、老、病、死。因此我觀察到，基於這些背景，當人們目睹到這些不幸時，會更容易產生動搖或不適感。

廣告為了維護企業形象，不得不在編排上迎合日本人的心理，於是發展出在拐彎抹角的劇情內插入符號或暗示的表現手法。我自己從事撰寫廣告文案的工作時，也經常有客戶要求把帶有負面意涵的語句「換成其他說法」。

與此同時，觀眾也隨之進化，發展出一種強大的理解力，來解讀這些拐彎抹角的廣告想要表達什麼。由於日本人原本就偏好曖昧的表達和省略東、省略西的溝通方式，這種應變能力或許也是他們的強項吧。

不過，我在本章即將完稿前看了一下後來新出的廣告，發現似乎出現了一些變化的徵兆。

最引人注目的是業界龍頭——日本生命，在二〇一八年的廣告裡直接描寫人的死亡。由知名新生代演員清原果耶飾演被保險人的女兒。廣告用父親看著女兒成長的第一人稱視角畫面，搭配獨白，並以「女兒握著某個人（父親）的手哭泣，接著畫面突然模糊消失」的手法，表現出看著女兒面對自己（父親）的死。最後，變成靈魂（？）的父親對著在墳前報告考上大學的女兒輕聲說：「恭喜

日本生命
（2018 年）

妳」。這支廣告也有在電視上播出，因此應該引起不小的迴響。

直布羅陀生命也在二〇二〇年製作了死者與生者交談的廣告。開頭從男性旁白的一句「我去了很遠的地方」開始，畫面上出現穿著喪服的女性和小孩，之後則是被留下來的太太與主角橫跨二十年的對話。

歐力士（二〇一八年）和 SOMPO 向日葵生命保險（二〇二〇年）也製作了描述男性在工作中猝倒[5]，讓妻小憂心忡忡的「真人廣告」。儘管和台灣的廣告相比，表現手法仍偏向保守，但對日本人來說已經是劃時代的進步了。

我認為這種表現手法的出現，代表日本人意識到傷、老、病、死的機會正在急速增加。

日本被稱為是世界上高齡化最嚴重的國家，在二〇〇七年進入六十五歲以上的老年人口超過總人口百分之二十的「超高齡社會」（二〇二〇年的台灣則是老年人口占百分之十六的「高齡社會」）[6]；下一階段的「多死社會」[7]被新聞媒體提及的頻率也越來越高。

此外，二〇一六年震度七的熊本大地震，以及分別在二〇一七、一八年襲擊

5 猝倒：即「cataplexy」，猝睡症主要症狀之一。指突然全身肌肉失去張力，導致當事人當場倒下。

6 中央廣播電台日語網站，二〇二〇年八月二十七日。

7 指死亡人數不斷攀升、人口銳減的社會現象。也是高齡社會的下一個階段。

熊本和中國地區的超大豪雨等等，生死一瞬間的自然災害接連發生。近幾年還有以年老或死亡為主題的紀錄片，直接拍攝人物臨終後的模樣和喪禮會場的遺體。

我想，業界少數與不幸有關的人壽保險廣告應該不會忽視這樣的社會動向吧。以後一定會有越來越多的廣告，在考慮到日本人獨特心理的同時，敢於觸及商、老、病、死。

◉台灣廣告也正視「生」

同樣在這段期間，台灣的廣告好像也略有變化，面對傷、老、病、死的視線變得比過去更加寫實。

在我看來，強調疾病所帶來的痛苦和造成家人負擔的戲劇性手法似乎有稍微減少的趨勢；反之，請投保者及其家人親自現身說法的紀錄片型廣告越來越多。

國泰人壽的「真人真事」系列廣告（二〇二〇年）直接使用受訪者生動而具體的陳述。例如小學老師在提起自己車禍去世的母親時說：「車禍導致她的大腸破裂，所以裡面的糞便溢出來，讓整個細菌都感染了。」另一位失智婦人的孫女則說：「有一次不小心睡著，外婆就跑出去，然後我一醒來，聽到外婆在外面叫喚。」

另一方面，臺銀人壽在二〇一九年推出名為「年輕人長照觀念正確嗎？」的廣告，讓對長照只有模糊概念的年輕人，面對「極度身障者有三十三萬人，其中約二〇%為十五~四十四歲」「照顧身心障礙者一年額外支出三十六~六十萬以上」「國人平均照顧七．三年，約需二百七十萬~四百五十萬，甚至更高」等殘酷的現實。

而為退休後的生活費及醫療費做準備的保險方案「大傘退」廣告（新光人壽，二〇一九年）則讓我感受到台灣人的現實主義。啦啦隊LamiGirls（後改名為樂天女孩Rakuten Girls）的成員打扮成OL，用RAP曲風的廣告歌和「想退就退、趁早來改變自由夢想就能實現」等歌詞，搭配「把雨傘當成降落傘，從辦公室的窗戶跳傘逃生」的畫面，表達除了滿年資退休之外，還能選擇依照自己的意願提早退休。

新光人壽
大傘退

這是要人們在正視傷、老、病、死之餘，也要正視生的意思嗎？日本人也不能置身事外了。

生活

3

為了更美好的人生？

彩妝保養——

美麗是藝術還是約束？

◉以為是女高中生的她原來是……

台灣廣告有很多關於日本的描寫，有些內容還會刻意用與實際情況的落差或誤解作為笑點，看起來格外有趣。

不過，有一支台灣高絲（KOSE）保養品 ASTABLANC 的廣告（二〇一四年）卻讓我覺得有點困擾。

這支廣告是大約一分半左右的迷你短劇。一開始，設定上像是日本高中生的

ASTABLANC
（2014 年）

帥氣男生，快步走在鐵軌沿線的道路上，後面追著似乎是他朋友的女高中生。兩人身上穿著典型的日本學生制服，口中還說著日語，由此得知故事背景發生在日本。

女生追上男生並抓住他的手，卻被對方用力甩開。

男生：「我不是說過很多次了，叫妳不要來學校等我下課！」

男生看起來非常不滿女生跑到學校來見他。

女生：「為什麼呢？明明

以前這麼愛黏著我的，以前明明都說最愛我的！」

說著，女生拉著男生的手臂搖了幾下，低下了頭。看來，這應該是年輕情侶之間常有的小吵小鬧。

然而，這個推測卻因為男生長嘆一口氣後說的台詞而被徹底翻盤。

男生：「……媽！」

也就是說，這個女生其實是男生的母親，她仗著自己用廣告商品保養得宜，打扮成女高中生的樣子來接兒子下課。

我想應該不會有人因為看了這支廣告，就覺得日本的家庭都是這樣。可是，說不定會有人誤以為日本的成年女性都喜歡打扮成女高中生。這就是我前面說，讓我覺得困擾的原因。

◉日本女性都希望外表看起來很年輕

我承認的確有這樣的女性，因為日文有一個說法叫「女高中生扮裝遊戲（なんちゃって女子高生）」，指的就是成年女性打扮成高中生的模樣上街。雖然我並沒有親眼看過，但聽說直到二〇一〇年左右，這種行為在一些二、三十幾歲的女性之間形成一股不小的風潮。她們追求的或許是變身成另一個自己的樂趣，以及可能會被識破的緊張快感吧。現在在部落格還能看到「我今天玩了女高中生扮裝遊戲」這類的文章，據說甚至還有大學生或社會人士，穿著高中制服去迪士尼樂園玩的「制服迪士尼」文化。

還有其他例子可以彰顯日本女性對於年輕外表的執著，「美魔女」也是其中之一。這個概念源自於二〇一〇年左右，時尚雜誌《美ＳＴ》舉辦了只有三十五歲以上的女性才能參加的選美比賽。該雜誌用「不是比誰比較年輕」「與十幾歲截然不同的光彩」強調與年齡相符的美貌，但實際上，美魔女一詞多半用來形容「和實際年齡相比，看起來異常年輕的女性」。

有些化妝品廣告也隱約透露出這種觀念，例如花王的化妝品牌 SOFINA Primavista 的廣告標語「逆齡五歲肌」就大受好評，沿用了將近十年（二〇〇八年～）。此外，還有一首廣告歌這麼唱到：「妳啊，真不可思議。妳啊，究竟

幾歲呢？」（資生堂 ELIXIR SUPERIEUR，二〇一〇～二〇一一年）

不過，我實在不認為「媽媽因為看起來跟兒子同齡而心花怒放」，或是「想和兒子裝成情侶」這些行為看在兒子本人眼裡會有多開心。雖然在開頭介紹的廣告裡，面帶苦笑的兒子最後還是跟著媽媽一起回家，但假如發生在現實世界，事情的發展一定不會是這樣。我在此鄭重強調，這支廣告的內容純屬虛構！

◉描繪戀愛情節的台灣化妝品廣告

其實以上這些都只是題外話，不好意思佔用了這麼多篇幅（笑）。不過，我想繼續用開頭介紹的這支廣告進入正題，因為裡面還有一個特色，在現代的日本化妝品廣告鮮少見到。

前述劇情結束後的隔天，男生在放學回家的路上被朋友（也是一位帥哥）搭話。

朋友：「欸欸～昨天來等你下課的是你女朋友喔？很正耶！她是誰？你們怎

麼認識的？」

男生：「笨蛋……那我媽啦！」

朋友：「咦？騙人的吧！！」

這段對話表現出男性覺得使用了商品的女性充滿魅力，而這點正是台日化妝品廣告的差異。

不過，這個差別或許有點像是在雞蛋裡挑骨頭，因為不論是台灣還是日本，絕大多數的女性化妝品廣告，都是按照以下的基本格式來製作：

・由知名藝人或外國模特兒擔任代言人，在廣告中強調她們的美貌，或是表現出對商品非常滿意的樣子。

・透過代言人的獨白或旁白宣傳商品。

此外，日本美妝大廠的台灣版廣告經常和日本版使用相同片源。舉例來說，SK-II 除了有綾瀨遙等人代言的「基本款」廣告之外，還經常推出巧妙結合時下潮流，充滿創意的促銷廣告，不過日本版和台灣版的內容大同小異，在此就不特別介紹。

於是，我找了像開頭提到的這種，只有台灣或日本才有的例子的廣告進行比較，結果發現雙方的差異在於戀愛情節的有無。

例如資生堂在二〇一四年推出的美容液 ULTIMUNE，上市當時的廣告比較接近基本款——抽象的影片結合了商品、外國模特兒和水滴等等，搭配音樂以及「提升，美的實力」這句廣告標語。在台灣資生堂的 YouTube 頻道上，也能看到同一支廣告的中文翻譯版。

但與此同時，也有台灣資生堂的原創廣告。在二〇一五年的廣告中，演員李運慶和謝翔雅飾演一對情侶，兩人各自在心裡想著：他不知道我是故意要他寵我；她不知道是我故意寵她。並藉由男生幫女生擦化妝水，來表現恩愛甜蜜的模樣。

二〇一七年，台灣品牌達爾膚（DR.WU）在網路上公開了一支三分鐘左右的迷你短劇，改編自人氣愛情偶像劇《惡作劇之吻》，運用一部分實際劇情，再搭配上女主角月琴用商品保養肌膚，讓男主角植樹漸漸被她吸引的橋段。

另外，統一藥品有一個名字很有趣的品牌，叫作「自白肌」。這個牌子也出了幾支網路廣告（二〇一七～一八年），由代言人楊晴飾演主角，片長約六～七分鐘，走的是愛情偶像劇風格。

◉攻陷心儀對象的化妝術

以上介紹的都是保養品廣告，而化妝品廣告的表現方式則更為直接。

資生堂旗下的戀愛魔鏡（MAJOLICA MAJORCA）是個鎖定十～二十幾歲女性的彩妝品牌，主要特色是讓眼睛看起來又大又深邃。台灣在二〇一六年製作的系列廣告，描述使用商品的女高中生輕輕一瞥，就讓同班的男生瞬間淪陷，或是由女生主動積極勾引男生的內容。

不過，日本原創的廣告或宣傳影片，基本上都是女性代言人自己在西洋魔法世界般的舞台裝置裡演出獨腳戲，根本沒出現能夠和她談戀愛的男性角色。

順帶一提，MAJOLICA MAJORCA這個品牌名稱，其實也並不如中文譯名

台灣戀愛魔鏡
大眼邂逅篇

日本戀愛魔鏡
（2019 年）

帶有「戀愛」的意涵。這兩個字分別源自於義大利在文藝復興時期所製作的錫釉彩陶（Maiolica），以及作為該陶器的出口據點，現為西班牙領土的馬約卡島（Mallorca），和品牌概念完全無關，純粹是因為裡面都有日文「魔女（Majo）」的發音。這位「魔女」當然是為了讓自己變得更可愛才施展魔法，但是日本版的廣告並沒有明確指出她的目的是要談戀愛。

而佳麗寶（KANEBO）旗下的 KATE TOKYO 鎖定的年齡層略高於戀愛魔鏡，廣告模特兒是中條彩未，影像和音樂充滿都會風格，新穎時尚。大部分的鏡頭都集中在她身上，其他人物並不起眼；甚至還有一支一分半的廣告，從頭到尾都只有她一個人出現，塑造出的形象讓人聯想到「孤高」二字。

這些廣告很多都在翻譯後被引進台灣；但另一方面，電視上也可以看到由台灣藝人代言，以戀愛為主題的台灣原創廣告。

在二〇二一年版廣告中的女主角為了吸引在公車站一見鍾情的男生，試著變換不同造型卻屢戰屢敗，最後是用了 KATE 的眼影，才終於成功射中男生的心；二〇二〇年版廣告的女主角則是在辦公室訂了外送當午餐，從 APP 的照片上發現外送員長得很帥，於是她立刻拿出廣告商品，用送達前的一分鐘畫出完美眼線。這些廣告不但絲毫沒有孤高的感覺，甚至直接把化妝品當成攻陷心儀對象的道具。

◉日本的化妝品是修行用的道具？

其實，日本的化妝品廣告並不是從以前開始就缺乏戀愛要素。一九九〇年代就有一支充滿戀愛色彩的廣告，在當時掀起話題。內容是一位不到二十歲的新人女演員說：「欸，親一個嘛。」向情人索吻，而對方也回應了她的要求（KOSE，一九九二年）。日本真的已經沒有這種化妝品廣告了嗎？我在各家廠商的網站上拚命搜尋，好不容易才找到了幾個。

其中之一是樂敦製藥的保養品牌「肌研」於二〇一七年發表的網路廣告。外型稱不上姣好的女高中生（諧星吉田有里飾演）喜歡上從小一起長大的同班同學（龍星涼飾演），但她在目擊對方和另一個可愛女生之間的親密互動後，自覺不會成為對方的戀愛對象而心情低落。最後，她為了擁有美麗肌膚，開始使用廣告商品。

而高絲旗下的 VISÉE 在二〇一六年左右推出的廣告裡，有一幕是知名藝人蘿拉（Rola）依偎在情人身上。這支影片與其說是情境劇，更像是形象廣告。

不過這兩支風格截然不同的廣告倒有一個共通點，那就是裡面都沒有提到男性角色的內心想法。

在肌研的迷你短劇裡，男生因為和女主角自幼熟識，經常隨意找她說話，或是直接拿走女主角的耳機，問她在聽什麼，又或是幫她拍掉頭髮上的粉筆灰等等，用各種方式親密接觸，弄得女主角臉紅心跳，但直到最後都沒有表明真心，也沒有留下想像空間。而 VISÉE 廣告中的男性則是面無表情，也沒有台詞，彷彿是一尊人形模特兒，讓人過目則忘。

象徵這些廣告的表現手法的台詞，就出現在 VISÉE 的另一支廣告裡：

「化妝不為他人，而是為了自己。」

前述由孤高的女主角中條彩未代言的 KATE TOKYO，也在二〇二〇年上市的「日本物語限定系列」的網路廣告中做出了類似的宣言。KATE透過現代觀點，重新詮釋《白鶴報恩》、《輝夜姬》等有美女出現的日本民間故事，推出「由自己開創未來命運」的形象廣告。其中，「狐狸新娘篇」用以下這句話闡述女主角的心境：

約定終身的對象，只能是鏡中的自己。

該系列也有推出在台灣播映的中文翻譯版，但是這句話的譯文卻和原文有著微妙的不同──

那永恆的承諾，在我心底。鏡中自我，一切瞭然於心。

從這句話來看，承諾的對象未必「只能是自己」，甚至還能解釋成是和結婚對象以外的某個人偷偷訂下了永恆的承諾。

儘管台日雙方都以「由自己開創未來命運」作為廣告標語，但相較於台灣版可以窺見對意中人的思念，日本版則更像是把追求美麗形容成某種修行。

◉「豐富的表情」是為了誰？

我興致勃勃地觀賞各式各樣的廣告後，發現台灣的原創廣告還有另一種模式，那就是讓女主角「攻陷」戀愛對象以外的人。

台灣資生堂的心機彩粧（MAQuillAGE）在二〇一八年的春節期間推出了一支網路廣告。年輕少婦活用各種化妝道具，在催她進行年末大掃除的母親面前化成「驕寵千金」；在和她比賽年菜菜色的婆婆面前化成「貼心巧媳」；在忙碌的木頭老公面前化成「完美情人」。使用化妝道具時的影像和背景配樂還模仿電影《不可能的任務》，讓人看了會心一笑。

台灣資生堂的碧麗妃（BENEFIQUE）二〇一八年的廣告，以「今天的溫暖，幾度℃？」作為標語，描述主角與其他女性之間的暖心互動。例如：身穿婚紗的新娘幫看著自己落淚的母親重新補妝；女性為失戀痛哭的好友化妝表達安慰；或是在公司看到有人沮喪大喊：「怎麼會犯這樣的錯！」女同事就回答對方：「那就蓋掉瑕疵，再試一次吧。」並遞出粉餅。這些廣告雖然沒有提及化妝

台灣碧麗妃
印章篇

的效果，卻描述了人們以化妝品為媒介，形成良好的人際關係。

那麼，在同一時期，日本製作了什麼樣的廣告呢？日本碧麗妃在網路上發表了名為「表情計畫」的極短篇廣告。內容是三位年紀介於三十~四十幾歲的知名女星，在日常生活中的各種場景露出逗趣的表情。石田百合子放假時在街上看到上司和他老婆穿著小熊情侶帽T，石田露出五味雜陳的驚訝表情；杏因為發現今天是星期五、不是星期四，默默在心中暗自竊喜；真木陽子在做簡報時忽然發現手上的資料一片空白，故作鎮定並擠出微笑。每個人三篇，一共有九種版本。

這個系列是日本資生堂為了宣傳「臉部細紋改善成分」，在二〇一七年到二〇一八年推行的跨品牌網路行銷的一環；根據二〇一七年實施的女性意識調查，假設細紋會對表情造成限制，在「解決這項煩惱，讓女性重拾豐富表情」的立意下展開這個行銷活動。

「表情豐富」的人的確比較常建立良好的人際關係。日本版的廣告乍看和台灣版有著相同主張，但其實兩者有一個巨大的差別，那就是和前面介紹的戀愛廣告一樣，建立良好關係的「對象」都只有模糊的輪廓而已。

日本碧麗妃
資生堂表情劇場

首先，除了主角以外，其他人物幾乎都沒有露臉；而且在九種版本當中，有一半左右都是在沒有溝通對象的情況下露出豐富表情。舉例來說，看到上司穿著情侶裝的石田百合子是一個人走在街上，因為發現今天是星期五而感受到小確幸的杏，也是一個人看著辦公桌上的月曆暗自竊喜。在這些情況下，只有剛好經過的人（不論認不認識）才看得到他們臉上的豐富表情。

為什麼要做出這種像是在自言自語一樣，一個人得出結論的表情呢？我們可以推測，其中一項理由是為了滿足「我也能做出豐富表情」的自我認同，其次則是為了被「偶然經過的人」看到也不覺得丟臉，也就是「為了不被世俗眼光視為異類」。

不過，這可能真的只是我在雞蛋裡挑骨頭。之所以這麼說，是因為表情計畫在隔年的廣告新增了普通女性的角色（其實應該是比較不有名的演員），在與朋友出遊或是在商店街購物時露出豐富表情。

不過，我還是覺得，化妝或保養這些行為所代表的意義，對台灣和日本女性來說是不太一樣的。

◉審視女性的「他人的目光」

日本還有其他在廣告裡表現「世俗眼光」的例子。

例如資生堂的怡麗絲爾（ELIXIR）在二〇一七年由演員篠原涼子代言的電視廣告。

站在街上的篠原涼子正在和某個人講電話，此時插入旁白的聲音，是她公司後輩在自言自語：「啊，前輩到了傍晚還是這麼漂亮。為什麼呢？」另一個聲音接著說明：「因為她早上擦了ELIXIR的乳液，所以完全沒脫妝。」

這個系列還有另一個版本：幾位女性朋友坐在咖啡廳享受悠閒的下午茶時光，其中一個人看著在場的篠原涼子自言自語道：「她明明沒有打扮得很招搖，卻讓人想一直盯著她看。為什麼呢？」

這裡出現的後輩和朋友不代表某種特定關係，而是可以被當成審視主角的「世俗眼光」，立場相當於表情計畫裡那些沒有直接登場，偶然目擊到主角做出豐富表情的人。

◉日本女性所感受到的壓力

前面提及的世俗眼光還算是友善的，資生堂的櫻特芮（INTEGRATE）從二〇一六年開始推出的系列廣告，讓人感受到更嚴厲的目光。廣告主角為小松菜奈、森星與夏帆，三人飾演三個好朋友。

為該系列揭開序幕的第一支廣告，描述她們正在慶祝小松菜奈的二十五歲生日，坐在蛋糕前接受兩位好友祝福的她，卻面帶愁容地說：「有什麼好慶祝的……。」而在三人當中擔任「大姊」的夏帆則像是要說出她的心聲一樣，開始高談年屆二十五歲的女生會在社會上受到什麼待遇：

「從今天開始，妳就不是『女孩子』了！」

「不會再有人對妳阿諛奉承，更不可能會誇獎妳！」

「之後會出現閃閃動人的後輩！」

「『可愛』這項武器，已經從妳手上消失了！」

接著聊到「可是也有很可愛的成年女性」，於是她們決定要成為能夠把可愛升級的女性。

我再介紹另一個後來推出的廣告。

小松菜奈在室內設計公司擔任助理，每天忙於工作的她，一臉憔悴地邊啃三明治邊工作。看到這一幕的中年男上司向她搭話。

上司：「妳今天也很努力喔！」

小松：「啊，您過獎了！」

沒想到上司立刻補了一槍。

上司：「會表現在臉上，就代表妳還不夠專業！」

從這些聽起來具有威脅性的台詞中，可以看出過了二十五歲就會被排除在「女孩子」之外、女性不應該在工作時露出疲憊的樣子等潛藏在日本社會的普遍價值觀。如果說，完美融入這種「社會基本常識」是日本女性化妝的一大目的……原來如此，這的確是一種「修行」啊。

其實這兩支廣告剛推出不久，就因為歧視女性和性騷擾等批判被迫停播，也從官網下架了；另一方面，也有護航的支持者認為這是在為年輕女性加油打氣。

總而言之，難道不正是因為這些廣告大剌剌地把日本女性苦惱已久的「不成文規定」攤在陽光下，才會引發社會譁然嗎？

◉ 充滿藝術性的台灣廣告

不過，由台灣製作的櫻特芮廣告，風格卻全然不同，讓我相當訝異。二〇一六年在網路上公開的「Into Great 赤色影展」系列廣告，請來九位知名攝影師自由發揮，製作三十秒左右的影像作品。在這些黑白色調的藝術片中，只有代表化妝品的紅色被特別強調。

在系列當中有支作品明顯帶有廣告意味，出現「我的今日運勢，由我的可愛指數決定」這種文案，但也有些作品甚至連化妝的鏡頭都沒拍到，實在不知道究竟能否對銷售額有所助益。但這些廣告說不定能為品牌建立適合與藝術結合的形象，讓觀眾感受到化妝的無限可能性。這也許是台灣消費者的藝術涵養比較高，也可能是他們對表現自己的態度比日本人更積極。

櫻特芮
Into Great 赤色影展

一邊是為了建立良好人際關係而表現自己的心情；一邊是過於在意世俗眼光，希望能完美符合框架的心情。身為男性的我鮮少有機會接觸到化妝品，但從置身事外的角度發掘這些細微差異，真的很有意思。

◉廣告回歸戀愛情節的背景

我原本打算在這個段落為本章作結，可是我發現，自己已經不能夠再「置身事外」了。最近幾年，男用化妝品的需求正在逐漸增加。

讓我強烈意識到這點的原因，其實是因為我看見發生在女性化妝品廣告上的變化，也就是我曾經在前文斷言，目前日本廣告所沒有的，對男性戀愛情感的深刻描寫。

一個是前述肌研廣告的續集。心意始終不明確的龍星涼，在第二集（二〇一七年）開始有點在意青梅竹馬的吉田有里。在第三集（二〇一八年）龍星涼主動邀她出去約會，並且在最後一集（二〇一八年）吻了對方。

另一個則是資生堂的保養品牌 RECIPIST，在二〇一九年製作了一支由土屋太鳳和橫濱流星飾演同居情侶的網路廣告，兩人你儂我儂的甜蜜互動，甚至不下於一九九〇年代的廣告「親一個」。

這些廣告的意圖要看到最後才會真相大白，那就是男主角使用了和女主角一樣的商品，可見化妝品廣告並不是單純回歸戀愛情節，而是想傳遞另一種訊息——和男朋友一起用吧。

◉男用化妝品的崛起

日本的知名化妝品牌大約從一九九〇年代就開始推出男用保養品，但聽說直到二〇一五年左右才出現轉機，吸引各家廠商積極投入宣傳活動。這個轉機正是媒體開始關注所謂的「無性別男子」，也就是時尚品味與價值觀不受既定性別框架限制的年輕男性。彷彿象徵著這股潮流，資生堂在同年推出的宣傳影片，用自家產品讓男高中生「變身」成女高中生，引發熱烈討論。

日本資生堂（2015 年）

只不過，目前男用化妝品廣告的宣傳內容不一定和無性別有關，而且涵蓋的範圍相當廣闊。

資生堂UNO自二〇一六年起推出了好幾支廣告，描述年過四十五的演員竹野內豐，向後輩窪田正孝、野村周平和板垣瑞生等人，傳授以「大人的儀態」為名的皮膚保養之道，而這種宣傳手法似乎活用了該公司多年來用在女性廣告的技巧。窪田正孝看到上司竹野內豐的活躍表現，納悶地想著為什麼他看起來總是這麼年輕？對方回答：「因為肌膚水潤，有彈性啊。」這個情況很類似前述資生堂怡麗絲爾廣告裡的篠原涼子和後輩。

花王MEN’S Bioré從二〇一六年開始，主打由二十幾歲的人氣演員菅田將暉，以及三十幾歲的搞笑藝人澤部佑代言的洗面乳和沐浴乳廣告。除了揭露男性肌膚容易乾燥的特性以外，還有強調用起來的舒適度、便利性等多種版本，可以看出廠商透過各種嘗試，摸索著該如何打進尚未成熟的男性市場。

此外，男用化妝品的廣告有別於女性的版本，大多會毫不留情地誇大表現不保養的男性有多醜。MEN’S Bioré的廣告裡，菅田將暉和澤部佑用裸體、滿身大

UNO
年輕的秘訣

汗和做鬼臉宣傳商品；大塚製藥ULOS二〇一七年的廣告，內容描述四十多歲的演員室剛察覺到異性的視線，以為是因為自己長得帥而暗自竊喜，但當他拿出鏡子，卻發現臉上有斑點，於是手忙腳亂地想要把它藏起來；而UNO也有另一個版本，描述窪田正孝早上一起床，看到鏡子裡的黑眼圈和衝浪曬傷而陷入恐慌。

就這點來說，台灣男用化妝品的廣告則有把男性描寫成自戀狂的傾向。台灣MEN'S Bioré在二〇一七年推出了一支紀錄片風格的廣告——跟拍代言人（歌手周湯豪）的「有型」日常，宣傳該公司的洗面乳；二〇二一年，J. Sheon為商品發表了一首帥氣的形象歌曲，在灰暗的空間裡立著好幾根黑色柱子，很有可能是暗喻商品成分中的竹炭和長了鬍子的男性肌膚，而歌詞更是直接唱出商品名稱，儘管老套，但層次豐富的音樂以及製作精美的場景，讓MV看起來帥氣十足。

MEN's Bioré
OUT OF MY FACE

◉新冠肺炎疫情活絡了男用化妝品市場嗎？

由於男用化妝品的資料還很稀少，所以我只能說得比較保守，但可以肯定的是，這類產品的廣告以後一定會越來越多。

之所以會這麼說，除了有前述年輕人無性別化的影響之外，中年男性似乎也因為疫情，開始對美容投注心力。據說有越來越多人因為看到線上會議的畫面，發現自己的臉給人的感覺很差，於是開始拚命尋找對策。百貨公司的化妝品專櫃致力於充實男性商品，另外也有雜誌為男性的化妝技巧製作特輯。

待新冠肺炎的疫情過去以後，我們也許又會回到不用在與他人交談時看著自己的時代。不過我並不認為，男性對美容或化妝品的興趣會隨之消失。廣告手法以後一定還會不斷推陳出新，希望我能繼續帶著興趣觀察下去。

內行看門道

包裝於外文之下的心態與策略

一般而言，在廣告中使用外國的語言或風景，目的在於將消費者對該國的良好印象轉嫁到商品身上，本章開頭介紹的高絲 ASTABLANC 也使用了這種手法。

台灣有不少使用日文的廣告，譬如台灣三菱電機在二〇二〇年～二〇二一年發表的網路短片，以開發生產冷氣、冰箱等家電的日本工廠員工為主要描述對象，全程都是用日文台詞搭配中文字幕。冷氣製造商大金也在二〇一五～二〇

三菱電機空調
ME 桑

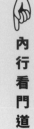

一六年模仿日本的時代劇，製作出宣傳生產技術的日文廣告。

台灣可口可樂的茶飲「原萃」，推出了好幾支由日本演員阿部寬演出的日文廣告，應該是因為該品牌的重點產品是日式綠茶吧。維他露「御茶園」的廣告也在二〇一九年請來金城武演出，雖然他說的是中文，背景卻播放著日文歌曲。

比較奇妙的是京都念慈菴的枇杷潤喉糖在二〇一七年及二〇二〇年的廣告，內容描述日本演員福地祐介走進台灣山林，與當地人進行交流，旁白也採日文發音。可是，這款喉糖分明就是台灣品牌，我不懂刻意說日文的用意為何，難道是想假借品牌名稱裡的「京都」，塑造成日本商品的形象嗎？然而根據該品牌的官方網站，京都好像是指北京。

另一方面，說起日本的情況，最近幾年比較少看到直接表達對外國的崇拜或敬意的廣告，或許是因為日本人已經不怎麼在意其他國家的情況了吧？在這樣的背景下，用外文的廣告創意變得有些複雜，其用意需要動腦想一下才看得懂。

飲料製造商三得利，在二〇一二年將法國的國民碳酸飲料 ORANGINA 引進日本時，精心設計了一系列的廣告。拍攝地在法國取景，台詞也清一色都是法文，可是劇情卻以日本知名系列電影《男人真命苦》為原型，由在日本家喻戶曉的美國演員李察・吉爾（Richard Gere）飾演到處留情的浪子。儘管包裝成法式風格，卻依然不忘貼近日本人的喜好。

還有證券公司「GMO Click 證券」二〇一五～二〇一六年的廣告，新垣結衣周遊各國，與當地人用外文溝通，很多都是日本人很陌生的語言，也沒有特別標註她在哪裡、說的是哪一國話（聽說其中一種是瑞典語）。在這種情況下，外文及外國風景並非象徵某個具體的國家，而是「這裡以外的某個地方」。由於廣告主是提供網路證券交易服務的企業，這樣的內容應該是為了刺激對該領域不甚積極的日本人，使其對未知的世界產生憧憬。

除此之外，有時還會看到感覺應該說外文的人卻說著日文的廣告。

飯店訂房比價網 Trivago 的日本廣告裡，在當時還默默無聞的美國女星因為說著一口流利的日文而引發話題（台灣也有同性質的廣告，但代言人應該是台灣人）。寶僑（P&G）的洗衣精 BOLD 也從二〇一三年開始，讓米蘭達・可兒（Miranda Kerr）等西洋女星在廣告裡說著不太熟練的日文。前述兩個都是歐美

GMO Click 證券
Life is Sharing 篇

品牌，廠商應該是想藉此刺激至今仍殘留在日本人靈魂中的西洋崇拜，但是從這種讓西方人「紆尊降貴」說日文介紹商品的做法，可以感受到他們對日本人自尊心的顧慮。

快時尚品牌GU在二〇一四年找來有著西洋外表、精通英、日文的藝人蘿拉（Rola）為裙子打廣告。這個系列用十八世紀的法國王妃瑪麗·安東妮作為主題，重現當時貴族的房間擺設與精美服飾。但包含蘿拉在內的登場人物（皆為西方人）全都說著日文台詞，而且還另外發表了翻譯成英文（而非法文）的網路限定版，應該是為了便於在社群網站上傳播才製作的。

該品牌源自日本，廣告商品也與法國無關。廣告本身的創意是來自於後世誤傳瑪麗·安東妮的名言：「沒有麵包，不會吃蛋糕嗎？」改編成的「沒有裙子，不會去GU嗎？」是將小巧思成功昇華的例子。

依我所見，日本人對外國的漠不關心，追根究柢是出於他們不想面對自己在經濟與技術方面落後於其他國家的事實。但將來應該又會坦率承認對進步國家的崇拜，廣告內容也會有所變化吧。比方說，宣傳偶像或化妝品的就用韓文；活用IT技術的機器或服務則用中文。不知道會不會有這樣的發展？

GU
（2014年）

洗衣精——

當洗衣服不再是「家事」的那一天

◉咦？她們不是姊妹嗎？

看國外的電視廣告經常還能感受到其他國家與日本在社會風氣上的不同。舉例來說，台灣寶僑（P&G）的衣物柔軟精「蘭諾（LANOR）」，在二〇二〇年播出的廣告就是如此。

房間裡有A、B兩名年輕女子，A正在挑選外出的衣服，B問她：「真的不能陪妳去嗎？」A回答：「我爸說要單獨找我聊聊……妳覺得我爸想講什麼？」

蘭諾衣物芳香豆
一樣的香味最安心

B想了一下，說：「別想太多，先去聽聽他怎麼說吧。」A一臉擔心，又問：「如果他生氣怎麼辦？」B回答：「那……就穿我的衣服去吧！無論發生什麼事，我都會在，我們一起解決。」接著B把自己的毛線針織外套脫下來穿在A身上，A才終於露出放心的表情。

看到這裡，我都以為這兩個人是一對姊妹。要出門的應該是妹妹，她可能做了什麼虧心事，像是瞞著父親和男生交往之類的吧。

但是，緊接著，廣告插入了這句字幕及旁白：

「交往七年，我們的感情總有許多不安。」

原來正在交往的其實是這兩個人啊。這麼說來，姊妹間稱呼父親應該不會用「我爸」，而是用「爸」才對。台灣的觀眾可能從這裡就發現端倪了。

這樣說起來，雖然有點偏離本章的主題，但在〈速食〉章節也提過的麥當勞McCafé 對話杯廣告（二〇一六年），也有一個情況類似的男性版本。廣告裡，男主角向父親坦白出櫃一事，父親一怒之下拍桌離席。雖然父親後來表示諒解，不過兒子是同志這件事仍然帶給他很大的打擊與痛苦。

在這裡，我想著重在這支廣告與四年後蘭諾的廣告上，提出兩者在心理描寫上的不同。蘭諾廣告裡的女同志情侶儘管擔心父親可能會生氣，卻同時抱著總會有辦法的想法。而在廣告的最後，父親已經接受了女兒的性向，要女兒下次邀她一起回家吃飯，展現出溫暖包容的態度。

其實，在這兩支廣告中間的二〇一九年，台灣的同性婚姻合法化了。想必現實社會對同志的理解也日漸普及，而蘭諾廣告的情境正反映了這樣的現況。接著在二〇二一年的廣告當中有了更近一步的發展，除了年輕的異性戀情侶、夫妻外，女同志情侶也作為各種伴侶中的其中一種，理所當然地出現在廣告裡。

在日本，同志或LGBT[1]別說是合法化了，就連他們的存在本身都仍然不被社會所認同。因此除了廣告以外，小說、戲劇等媒體在觸及這個主題時，也大多是以製造意外轉折或喚起社會關注的意圖陳述。我本身（大概）不是LGBT，所以並沒有這種煩惱，不過每次在網路或新聞上看到相關報導時，我都會覺得當事人應該很辛苦吧。

1 LGBT：對於非異性戀者的通稱。四個字母包含：Lesbian，女同性戀者；Gay，男同性戀者；Bisexual，雙性戀者；Transgender，跨性別者。

◉為什麼「香氣」能讓人打起精神？

話說回來，蘭諾的廣告有提到「香氣」會對人的心理帶來正面影響。日本雖然也有廣告強調這種功能，但是概念卻和台灣的有點不一樣。

日本的花王柔軟精FLAIR FRAGRANCE從二〇一一年開始推出好幾支由石原聰美擔任代言人的廣告。其中有一篇的標題為「香氣使人向前看」（二〇一七年）。劇情描述石原聰美飾演的ＯＬ因為工作上的失誤而意志消沉，在回家的公車上眼眶泛淚。這時，從使用該產品的衣服上傳來陣陣花香（似乎是會和體溫及汗水產生某種反應，發出香氣的產品）。「香氣陪伴著我的心情。」說完這句話後，她便重新打起了精神。

雖然在「因為香氣恢復精神」這點上和蘭諾一樣，其中的原因卻大不相同。蘭諾的女演員透過香氣感受到情人一直陪伴在自己身邊，因此把香氣當成心靈支柱；但 FLAIR FRAGRANCE 的石原聰美並沒有因為香氣而感受到別人的存在，感覺純粹是因為聞到好聞的味道而轉換心情。

另外，我還發現兩支廣告強調的香氣魅力也不一樣。蘭諾的兩名女性既然是同居情侶，使用的柔軟精自然很有可能是同一款，應該很難只靠柔軟精的香氣就覺得對方陪著自己。也就是說，我們可以推測，柔軟精的香氣結合每個人的體味後產生了獨特香味，這應該才是廠商強調的魅力所在。

FLAIR FRAGRANCE 則不同。二〇二〇年的廣告，石原聰美以及新加入的代言人永野芽郁強調：「早晨的美好香氣，到了傍晚也不會走樣。」不只有這個品牌，在日本版蘭諾二〇二一年的廣告裡，吉岡里帆也強調了同樣的持香效果。

換句話說，台灣人覺得衣服上的香氣象徵穿衣者個性；但日本人卻認為，香氣不能隨著自己的體味改變，更像是用來隱藏個性的。

日本蘭諾（2021 年）

◉台灣是芳香，日本是除臭

日本有非常多主打防臭或除臭的洗衣精和柔軟精，這種情況也可以對應到前面的結論。獅王旗下的品牌 SOFLAN 有一款除臭效果強大的商品名為「PREMIUM 消臭」。根據二〇二〇年的廣告內容，該商品擁有同品牌史上銷售數量最快突破一億的超高人氣。就連日本的代表性洗衣精——獅王 TOP SUPER NANOX，也在主力商品之外，特別推出主打（預防）臭味專用的產品。同系列還有推出芳香洗衣精，只是在廣告裡占的篇幅比較小。

前述的臭味是指汗水、體垢與細菌交互作用後所發出的惡臭。以日本人的情況來說，比起散發出好聞的香氣，大家更在乎不要發出難聞的臭味。

相較之下，台灣的洗衣精廣告似乎更重視芳香。在植淨美「香氛洗衣精」的廣告（二〇一八年）中，楊丞琳在玫瑰香氣的包圍下露出幸福的表情；南僑「水晶肥皂洗衣用液體馨香」系列（二〇一九年），旁白在廣告開頭就強調「不僅聞起來清香，還低敏不刺激……」而奇檬子「頂級香水洗衣精」廣告的其中一篇，描述兩個單身男子拿著味道很好聞的洗衣精（廣告商品）走進投幣式洗衣店，最後成功用香氣約到來洗衣服的女生。雖然不知道這支廣告是想吸引什麼客群，但是卻讓我印象深刻。

只不過，在台灣播放的一些日本品牌的廣告裡，還是可以發現他們試圖推廣抗菌、防臭概念的痕跡。花王的一匙靈從二〇一四年左右開始，製作了好幾支把焦點放在討人厭的臭味的廣告，例如：媽媽抱住從外面玩完回來的小孩，卻被衣服上的臭味熏得直皺眉；或是媽媽和小孩聞到毛巾上的味道後大受打擊等等。其他還有獅王的奈米樂以及寶僑的 ARIEL 也都時常強調防臭效果。

◉想方設法要弄髒衣服

香氣和臭味的話題聊得有點太長了。除了這些，另外還有其他差異也讓我覺得很有趣。

在我開始觀察台灣廣告的二〇一六～二〇一七年前後，強力去除各種汙垢是許多廠商的宣傳重點。尤其他們的固定手法都是讓白襯衫染上五花八門的髒汙，各家廠商就像是在比賽，看誰弄髒衣服的花招更多。

比較有趣的是泡舒「全植媽媽」二〇一六年的劇情廣告。一男一女面對面坐在高級餐廳的座位上，他們之間瀰漫著一股險惡的氣氛。女生一怒之下，忽然接連把咖啡和紅酒潑向男生。光是這樣還不足以消氣，接著她起身走到隔壁桌，抓起隔壁客人桌上的牛排醬往男生身上潑。

男生面無表情地任由女生發洩情緒，但就在女生準備離開時，他迅速抓住她的手（這時響起感人的抒情樂），起身正面抱住她，輕聲對她說：「我愛妳」。結果這個舉動卻造成女生的衣服也一起髒了，女生潸然淚下，心想：「完了……

泡舒 全植媽媽
（2016 年）

我的洋裝。」接著出現商品的特寫和說明（順帶一提，這部迷你短劇的台詞是韓文，背景配樂好像也是韓國的流行歌曲，我猜應該是在模仿某部當時的熱門韓劇）。

一匙靈二〇一五年的廣告，看起來像是OL的女性一字排開，她們手一滑，把各種飲料或食物灑在自己的衣服上。這支廣告也有男性版，描述穿著不同工作服或運動服的男性，被汗水或灰塵弄髒衣服；獅王奈米樂二〇一六年的廣告，女子足球隊和廠商打賭奈米樂能不能洗淨體育服和長襪上的汙漬，最後足球隊因為賭輸了，被處罰做伏地挺身。

小孩也是很厲害的「弄髒專家」。二〇一五年聯合利華「白蘭」的廣告，一個在戶外婚宴負責攝影的小男生，為了追趕叼走新娘頭紗的小狗，被泥巴和餐點的湯水弄得渾身髒兮兮；前一年的廣告則是一個大概七、八歲的小男生陪奶奶出門買東西，為了保護奶奶不被車子濺起的泥水潑到而弄髒衣服。從這些廣告裡也可以看出活潑、溫柔又體貼的孩子是人們心目中的理想。而另一方面也有不少廣告，描述媽媽被在戶外玩耍的孩子衣服上的塵蟎和細菌嚇得花容失色。

後來，出現了越來越多廣告強調PM2.5及過敏原等新型態隱形髒汙的廣告，表現的手法也更加細緻。聯合利華「白蘭4X」二〇一九年的廣告，用合成影像做出小孩背著髒兮兮的玩偶和女性背著排氣管的畫面，藉此煽動觀眾對細菌和PM2.5的危機意識；台塑生醫「Dr's Formula」二〇一九年的廣告，則是幽默地用穿著玩偶裝的人物來代表塵蟎、黴菌和毛纖維等五大呼吸性過敏原。

新冠病毒的疫情擴大升溫以後，還出現了強調抗病毒功能的廣告。在橘子工坊「洗淨病毒洗衣精」二〇二一年的廣告當中，有一對母子在載滿人的電梯裡，因為聽到其他人咳嗽的聲音而擔心害怕；以及太太對回到家的先生和小孩說：「別讓病毒跟著衣服回家！」命令他們立刻把衣服換下來的情節。

在「洗衣服」這件事上，有許多廣告事例反映了社會風氣、價值觀或時下流行，實在很有意思。

Dr's Formula
抗敏原洗衣精
躲藏篇

◉台灣的洗衣精廣告讓人眼花撩亂

除此之外，台灣也有很多使用植物等天然成分，強調安全性和環保意識的商品或廣告。廠商紛紛以茶籽、橘子油或鳳梨酵素作為清潔成分，或是宣揚葡萄柚籽萃取液和啤酒花（抗菌）、尤加利精油（防霉）、百里香（防蟎）等成分的功效。另外也有不少強調取得美國農業部（USDA）認證的商品。每年似乎都會有新品牌加入這場天然洗劑的廣告大戰。

還有一些廣告表現出對現代女性的支持。白蘭在二〇二〇年推出的廣告「勇敢去GO不怕垢」，展現女性不被「常常要以家庭為重，還要犧牲工作」「沒有自己的社交，也自己的時間能好好放鬆」這些媽媽該有的樣子束縛，而是應在工作或興趣中活出自己、享受人生。另外，白鴿「超濃縮洗衣精」二〇一八年的廣告內容，則是向在洗衣機旁邊抱頭吶喊「啊～洗衣累到爆！」的獨居年輕女性推薦強效的濃縮洗衣精。

此外，還出現了專攻運動服或健身衣物的廣告。這是因為台灣很流行上健

白蘭
勇敢去 GO 不怕垢

身房嗎？日本的廣告雖然時而出現高中生的社團活動，卻很少看到大人運動的場景。

總之，台灣的洗衣精品牌多不勝數，廣告所傳遞的訊息也讓人眼花撩亂。這應該是因為民眾的想法和主張都不一樣，洗衣精廠商拚命想迎合各種需求，才造就了這樣的情況吧。

◉想要盡量簡單省事

相較之下，日本的洗衣精廣告顯得沒什麼活力。

首先，在我的印象裡，有打廣告的品牌比台灣少很多，頻繁出現在電視上的頂多只有花王的 ATTACK、獅王的 TOP（一匙靈）以及寶僑的 ARIEL。

雖然偶爾也會看到其他的廣告，但絕大多數都是超過半世紀以前就已經存在的品牌。根據某知名廠商的品牌經理的說法，大部分的人會繼續使用從以前用到現在的洗衣精。這些老品牌應該是靠鞏固這些「忠實用戶」才存活到現在的吧。

結果，少數洗衣精大廠為了增加市占率，在開發和行銷上展開激烈競爭，主力商品在短時間內一變再變，讓人目不暇給。

看完這些廣告以後，我發現近幾年的廣告基本上都主打簡單省事。例如：用手指輕輕一按就可以放入適量洗劑，不需要計量；就算曬在室內，甚至不小心忘了拿出來曬也不會發臭，不需要重洗；抗菌、除臭、洗淨一瓶搞定等等，很多內容都強調不需花費多餘的力氣。

從這些廣告背後可以感受到人們把洗衣服視為麻煩的家事，是一種負擔。

根據東京瓦斯都市生活研究所的調查[2]，在日本的首都圈（東京、神奈川、千葉、埼玉），成員為兩人以上的家庭，每週洗衣七次以上者多達將近七成。詢問他們每天洗衣服的原因，回答「不馬上洗的話，會很在意臭味、黴菌和其他細菌」的比例同樣接近七成。日本人似乎被惡臭和細菌追著跑，不得不天天洗衣服。

而且現代的衣物不但種類繁多，形狀也很複雜，考慮到這些都要分開洗、分開曬，不難想像要花費多少力氣，所以要有「想要盡量省事」的心情也不無道理

2 《家庭的洗衣與乾燥2013》，二〇一三年六月。

的。廣告或許就是反映了這種需求吧。

◉「洗衣男子」的崛起

日本近幾年的洗衣精廣告還有另外一個很大的特徵，那就是由男性擔任主角洗衣服的廣告增加了。

到二〇二一年上半年為止，曝光度最高且衝擊性最強的廣告，是從二〇一九年開始的花王ATTACK ZERO系列。松坂桃李、菅田將暉、賀來賢人、間宮祥太朗和杉野遙亮這些二十幾～三十幾歲的當紅帥氣演員，在廣告裡組成一個名為「愛洗衣會」的社團，透過像漫才一樣的輕巧對話和實驗表達商品訴求。

和ATTACK同為日本洗衣精代表的花王TOP，從二〇一六年左右開始由偶像團體嵐的成員二宮和也代言，推出TOP SUPER NANOX（奈米樂）系列廣告。這個系列用在複雜條件下的洗滌，強調洗衣精的性能。例如：捲成一球的襪子、放在褲子口袋裡的手帕、把髒T恤穿給假人，上面還套了熊貓玩偶裝，整個拿去

ATTACK ZERO
愛洗衣會

用巨大水槽洗等等。

而寶僑的ARIEL則是從二〇一三年開始製作了一系列由生田斗真扮演洗衣研究專家的廣告。

相比之下，台灣的廣告大多還是由家庭主婦負責洗衣服。不過，先生參與洗衣過程的場景似乎也慢慢變多了。

台灣版的ATTACK ZERO廣告（二〇二〇年），讓（看起來根本是大猩猩的）原始人登場，凸顯商品「劃時代的進化」。而在最後一幕露出笑容，使用代表「進化」結果的產品的人，則是一位爽朗的年輕男子。

一滴淨「有機生活洗衣露」二〇一七年的廣告，一家人結束家庭菜園的工作後，也是由父親清洗孩子們沾滿泥土的衣物；而白蘭「4X酵素極淨洗衣精」二〇一九年的廣告，有一幕看起來像是女孩爸爸的年輕男子正在曬衣服。

南僑「水晶肥皂葡萄柚籽抗菌洗衣精」二〇二〇年的廣告，描述一家三口向一位洗衣達人（男性）討教，主要負責向達人提問的也是先生；而妙管家「重汙垢去除超濃縮洗衣粉」二〇二一年的廣告，則是先生不小心在太太外出時弄髒了她的衣服，最後自己偷偷洗乾淨的劇情。

◉毫無生活感的男人們

日本的廣告，男性的存在感遠遠勝過台灣，可是有一個地方很奇怪，那就是他們幾乎都不是作為家庭成員在洗衣服。

ATTACK ZERO的廣告不曾出現五位主角的女友或太太，令人想像他們在設定上都是一個人住（其中一篇曾經出現間宮祥太朗的母親，但他沒有幫媽媽洗衣服，而是推薦洗衣精給她說：「媽，這個真的超方便的啦！」）。代言ARIEL的生田斗真不過是把「研究」洗衣當成自己的工作。代言奈米樂的二宮和也則是站在替廠商發聲的立場，把洗衣服當成「實驗」。

其他例子還有請帥大叔演員豐川悅司飾演「臭味菌」（「ATTACK抗菌EX W POWER」，二〇一七年），以及讓以「黑皮膚」聞名的歌手松崎茂扮演「髒泥巴」和「衣領汙垢」（「UTAMARO肥皂」，二〇一六～二〇一七年）等等。

但這些都只是所謂的髒汙擬人化，並沒有男性參與洗衣過程的描寫。

ATTACK ZERO之前的產品「ULTRA ATTACK GEO」由瀨戶康史獨挑大樑飾演「洗衣男子」（二〇一七年）。在外出用餐時衣服被番茄醬弄髒的他，讓鄰桌五、六十歲的阿姨們看了好擔心。廣告裡並沒有出現妻子或母親，可以推測出他是一個人住，所以必須自己洗衣服的情況。

為什麼日本的廣告不像台灣一樣，拍攝男性作為家庭成員做家事的場景呢？

◉消失的「主夫」廣告

其實在比這些廣告更早的二〇一三年，曾經有男性代替主婦洗衣服的廣告，那就是延續到二〇一七年的獅王SOFLAN系列廣告。

代言人是當時四十幾歲的帥氣演員西島秀俊。「我開始當主夫了。」搭配這句廣告標語，他飾演代替忙於工作的妻子處理家務的好爸爸。

在迷你短劇形式的系列廣告中，他參加女兒幼稚園的媽媽之友會，聽說了很好用的柔軟精（廣告商品）；或是看見女兒蓋著自己洗的毛毯，露出安心的表情等等，表現出雖然因為不習慣做家事而吃盡苦頭，卻還是很享受「主夫」這個工作的模樣。

這個廣告數度在網路上引發討論，並且獲得了推廣男性參與家事及育兒工作的NPO法人頒發的獎項。系列廣告持續做了三年多應該也是大受好評的證明吧。在我的印象裡，此後這種由帥哥演出的洗衣精廣告便一下子多了起來。

然而正如前文所述，幾乎沒有出現像這個廣告一樣描寫主夫的廣告。SOFLAN後來推出的廣告也讓人匪夷所思，代言人從二〇一七年春天開始換成嵐的相葉雅紀。起初的版本裡他與一個小女孩一起演出，讓人覺得他是小女孩的父親，但是過了沒多久，他就變成單純的商品解說員了。

◉女性的隱憂

其實，這類主夫廣告本來就沒有反映或領先現實社會的情況。廣告播出當時，網路媒體上有一篇訪談，訪問廠商為什麼請西島秀俊擔任SOFLAN代言人，以下引用部分內容：

公司內部在討論要如何提升對洗衣服這件家事的動力時，忽然有人天外飛來一筆：「如果被多數女性認為是『帥哥』的西島秀俊，能夠認同負責洗衣服的我們就好了！」（笑）

我們並沒有打算透過描寫「主夫」來把工作推給男性，只是想自然呈現出男人居家洗衣服的場景。[3]

也就是說，製作方的大前提依然是洗衣服是女性的工作，認為把男性當成主夫可能會變成是在推工作。的確，廣告裡的西島秀俊用幽默的方式表現出因為不習慣做家事而手忙腳亂的模樣，確實給人一種「臨時代理人」的感覺。

我也找到了網羅五位帥哥的ATTACK ZERO廣告企劃的相關報導。根據報導的內容，品牌經理直言，之所以會找他們代言，是因為帥哥登上話題排行榜後，討論的熱度會很高。[4]這些人選也不是對使用者的投射，而是強烈意識到「主

3 出自網路媒體《MAZECOZE研究所》〈西島秀俊成為「主夫」的原因 廣告「香氣與除臭劑的SOFLAN」幕後秘辛〉。二〇一五年十二月十六日。已無法閱覽。

4 網路媒體《日経xTREND》。二〇一九年五月二十四日。

婦」的策略。

◉洗衣服可以「娛樂化」嗎？

儘管如此，讓西島秀俊飾演主夫的人，內心或許偷偷期待著，希望能藉此在廣告世界推廣「男性參與家務」的風氣吧。然而如前所述，事與願違，廣告裡出現的男性幾乎都是替廠商發言的人或虛構人物。

在前述引用的報導當中，「如果西島秀俊能夠認同負責洗衣服的我們就好了！」這句話，應該是女性廣告企劃人員說的。從這句話裡甚至可以聽出，時至今日她們對「每天努力做家事的依舊是女性，男性對家務毫不關心」的現況感到心死，已放棄掙扎。在這樣的情況之下，即使繼續播出主夫廣告，不但無法引起男性的共鳴，反而還有可能被女性認為很假而引起反感。

「興高采烈地進行洗衣研究的男性」，這樣的虛構人物或許還包含了女性對於社會毫無進步的隱憂吧。

不過，由五位帥哥演出的 ATTACK ZERO 系列，二〇二〇年的其中一支廣告出現了改變的徵兆——賀來賢人有「兒子」了！他和大約四～五歲的小孩一起在房間午睡，輕聲對兒子說：「爸爸無論何時都在為你著想。就算只是洗衣服，也是最先考慮到你。」

只是，突然讓怎麼看都是一個人住的他們有小孩是一件很奇怪的事，而且廣告裡也沒有出現小孩的母親，再加上旁邊還躺著間宮祥太朗和杉野遙亮。廣告最後是賀來賢人醒來看到驚訝地說：「咦？是怎樣？」以搞笑收尾。是什麼原因讓廠商不得不讓小孩子登場呢？

這支廣告的播出時間是二〇二〇年的秋天。正值新冠肺炎的疫情隨著入冬逐漸加劇之時，因此其訴求內容以「也能除去病毒」的功效為主。他們也許是覺得讓小孩登場有助於宣傳抗病毒對策，所以才緊急製作了這支廣告的吧。

不過，受到廣告影響而產生新習慣或文化的情況並不稀奇。聽說由五位帥哥演出的廣告因為沒有把洗衣服表現成家事負擔，而是當成興趣或娛樂，所以引起許多男性的共鳴。此外，在越來越多青中年獨居者的現代，也有很多男性在非自

ATTACK ZERO
（2020 年）

願的情況下接觸到洗衣服這件家務。如果能用操作簡單的洗衣精表現出開心洗衣服的樣子，繼續吸引這些客群的話，可能會有更多男性願意在成家後分擔洗衣服的工作吧。

台灣和日本，究竟「洗衣男子」會先在哪個社會普及呢？

內行看門道

從廣告看「擬人化」

本章介紹的一些廣告，都有用到把不是人的物品當成人類的擬人化手法。這種做法有助於拉近觀眾與商品的距離，還可以用台詞和動作加深觀眾對商品資訊或其他訊息的印象。

擬人化也有分成好幾種，其中最簡單的方式，是讓物品長出人臉或開口說話，美國的 M&M's 巧克力角色就是一個著名的例子。

台灣統一麵包二〇一八年的形象廣告，在麵包工場裡，生產線上的麵團長出可愛的臉龐，在被填紅豆餡的時候說：「心裡甜甜的！」被送進烤箱時又說：「好溫暖喔！真想快點長大！」然後在烤箱裡頭慢慢膨脹，變成麵包。而頂好超市二〇一六年宣傳青森蘋果的廣告，則描述了等待採收的優質蘋果和劣質蘋果，在日本青森縣的蘋果園大吵一架的情節（順帶一提，這支廣告充滿巧思，不只蘋果們的對話是模仿美國 YouTube 影片〈Annoying Orange〉，還刻意藉由說日文強調「日文品質」）。

其次是把人打扮成物品的手法。

本章提到的台塑生醫 Dr's Formula 的廣告，以及在〈感冒藥〉一章介紹過的百保能先生就屬於這種。另外，日本三得利的罐裝飲料「KODAWARI 酒場檸檬沙瓦」，自二〇一八年請到知名歌手梅澤富美男，讓他頭戴檸檬頭套，還把臉塗成黃色，用一身衝擊效果十足的誇張打扮擔任廣告代言人。由於這種代言角色很容易讓人想起廣告、加深印象，因此能活用在戶外的大型看板或賣場裡的ＰＯＰ廣告。

統一麵包
心聲篇

而讓物品更接近人的擬人化手法，則是把物品的特色表現在服裝造型等外觀上。

近年的漫畫作品也經常使用這種手法，但我很驚訝台灣的政府機關（衛生福利部）竟然將這個手法應用在衛教宣傳活動。在 Facebook 上推動的「DISEASE# 疾病擬人」企劃，每次會針對一種疾病，用人物的表情或造型裝扮象徵病原體、症狀、感染途徑，甚至是對疾病的印象或歷史背景。據說這是針對年輕族群設計的活動，不但畫風符合目標客群的喜好，用於象徵的創意也相當有趣，讓人不禁想深入觀察並仔細解讀，宣傳效果更勝於一般附插畫的傳單。

除此之外，比較像人的擬人方式，還有讓知名藝人保持人的模樣，去飾演與商品有關的東西。

在本章介紹過的花王「ATTACK 抗菌 EX」廣告中，飾演惡臭菌的演員豐川悅司，穿著打扮一點都不像細菌。他穿著平常穿的深色西裝，蹲在洗衣槽裡喃喃自語：「我們惡臭菌即使離開了衣服，還是會繼續活在洗衣水裡。然後再次附著到衣服上散發惡臭。」另外，在「UTAMARO 肥皂」的廣告飾演汗漬和髒汙的歌手松崎茂，也和平常在電視上看到的樣子一樣，彈著吉他並和著歌聲，緊緊纏著高中生以及中年男子不放。

朋友告訴我，台灣也有類似的廣告。二〇〇九年左右，在維他露推出的茶飲「每朝健康黑烏龍」的廣告裡，「膽固醇妹妹」趴在一個胖胖的男性身上說：「我會死心踏地的跟著你一輩子……。」

這些角色全都有著人類的外表，卻作為物品採取行動，製造無厘頭的有趣效果，讓觀眾留下深刻印象。然而，這些廣告不光是無厘頭而已，代言人的形象也都有讓人認同的說服力。

豐川悅司目光銳利，外表陰沉，很適合扮演在黑社會胡作非為的角色，廠商利用他的這種形象，表現在肉眼看不見的地方做壞事的細菌上；松崎茂則是用獨特的黑皮膚與高亢宏亮的嗓音（在日本被形容成「悶熱」）象徵汗漬和髒汙；而膽固醇妹妹的外貌也足以讓人聯想到膽固醇。雖然可能對本人有點失禮，但我似乎可以理解為什麼會安排這樣的選角。

不過，另一種擬人化卻幾乎捨棄了所有的說明要素。日本的手機供應商NTT

DoCoMo自二〇一〇年起推出了沿用多年的系列廣告，讓人氣演員堀北真希、渡邊謙和松坂桃李，以及歌手桑田佳祐等人飾演手機或平板電腦。

雖說是「飾演」，他們的服裝或態度卻和普通人沒有兩樣，只不過多了一些一般人不會有的互動，例如在使用者走路時隨侍在側，或是讓使用者指著自己左右移動手指（滑手機）等等。這種無限趨近於人類的擬人化手法，非常適合用來宣傳擁有豐富的功能和應用程式，成為人類得力夥伴的手機。為了誇大表現「機器越來越像人類」而由普通人演出——這種繞了一圈又回到原點的表現手法，擁有不可思議的趣味性和說服力。

超市——
撿便宜是一件很酷的事嗎？

◉劃時代的廣告

全聯的廣告「全聯經濟美學」讓我非常驚豔。

我最早看到的是刊登在某個台灣廣告獎網站的平面廣告。一位打扮時髦的小姐坐在碼頭的欄杆上，用略顯憂鬱的表情看向鏡頭，乍看之下還以為是時裝品牌的形象廣告。

「長得漂亮是本錢，」

全聯福利中心
全聯經濟美學

廣告詞的開頭也彷彿出自某位年輕名模的訪談。可是，下一句卻是：

「**把錢花得漂亮是本事。**」

看到這裡，我才終於發現，這是一個前所未見的新形態超市廣告。我興致勃勃地把其他版本都看了一遍，還到全聯的網站上看了他們的電視廣告。

◉把省錢變成時尚的企劃

超市的客群以家庭主婦為主，我假設日本和台灣皆是如此。而且台灣的龍頭超市基本上都會在春節或中元節期間推出廣告，裡面會出現丈夫、長輩、小孩等各種不同年齡層的人物。

然而，全聯經濟美學二〇一五年的廣告上，清一色是看起來二十幾歲的年輕人，他們一個個都身處在都會的中心地帶，穿著毫無生活感的時髦打扮。再強調一次，我從來沒有在日本看過這種超市廣告。

引起我注意的，還有他們用理直氣壯，甚至是會讓人覺得很有格調的說法來形容「撿便宜」這個行為。其他版本也都是如此：

「美，是讓人愉悅的東西，比方說全聯的價格。」

「養成好習慣很重要，我習慣去糖去冰去全聯。」

「真正的美，是像我媽一樣有顆精打細算的頭腦。」

「來全聯不會讓你變時尚，但省下的錢能讓你把自己變時尚。」

「知道一生一定要去的二十個地方之後，我決定先去全聯。」

自古就有「節儉是美德」的說法，但我們在實踐時，很容易把省下小錢的喜悅當成目的，而忽略了「美」的部分。這個系列的廣告讓節儉重新變成一種美的方針，結合時尚、健康習慣以及旅行等年輕人的生活文化。或許會有年輕人在看到之後，開始覺得「到超市撿便宜」是一件時尚又帥氣的事。

我想這些廣告應該引起了廣大迴響，因為接下來的幾年，全聯又陸續推出使用相同概念和調性的系列廣告，但是後來廣告的模特兒比較接近一般的超市廣告常見的面貌——二〇一六年是打扮相對普通的上班族、主婦，和小孩即將出生的夫妻；二〇一七年是看起來六、七十歲的年長者；二〇一八年則是家庭、夫妻和分租房間的年輕人等等，登場人物五花八門。二〇二〇年更推出諧擬前作的「全聯經濟健美學」系列，描述一群人在超市裡用商品或推車健身。可能是台灣的健身風氣很興盛，所以廠商才跟上這股熱潮的吧。

在此我想打個岔，談談一件讓我有點在意的事。全聯經濟健美學的某些廣告中的行為，例如把裝滿商品的籃子拿起來甩等等，會在旁邊加上「危險動作，請勿模仿」的字幕。可是，在其他版本也有實際做了會造成別人困擾的行為，像是張開雙腳擋住通道，或是兩個人橫躺在賣場地板上等等，這些行為就不用加上

全聯福利中心
全聯經濟健美學

「請勿模仿」嗎？雖然只是在開玩笑，不過如果是在日本，應該會因為被抗議而停播吧。

◉用搞笑標榜便宜的西友

日本也有超市廣告是透過令人印象深刻的表現手法宣傳便宜，藉此吸引民眾目光的例子，我說的正是西友超市。不過，他們用的不是美學，而是基於搞笑的表現手法。

追溯到更早之前，西友在二〇〇八年推出了以ＫＹ為關鍵字的系列廣告。雖然裡面有說明這是價格便宜（Kakaku Yasuku）和生活便利（Kurashi-Yasuku）的縮寫，但是日本人一看就知道，這其實是在諧擬當時的流行語「不會讀空氣」[1]。這個關鍵字不但通俗易懂，同時也是對於社會潮流的諷刺。

廣告裡充滿了雙關、諧擬和無厘頭的元素。例如模仿知名商標Ｉ❤ＮＹ，在畫面放上Ｉ❤ＫＹ的字樣；用凌波舞表現「（價格）可以降到多低」；在疑

1 空気が読めない（Kuuki ga Yomenai）：簡稱ＫＹ，用來批評無法查覺周遭的氣氛、利害關係或共識，因而做出有違他人意圖或期望的行為的人。有時也會根據文章脈絡，用來稱讚不屈服於日本常見的同儕壓力，個性率直的人。

似道歉記者會的場合上發表買貴退差價的聲明，或是用英雄發射光束把怪獸劈成兩半來表達半價等等。

二〇一一年左右，廣告的關鍵字改為「バスプラ（Basu-Pura）」[2]。在廣告裡，幾十個看起來三、四十歲的女性，動作整齊劃一且面無表情地跟著 Basu Basu Pura Basu Pura Basu Pura……的音樂跳舞。這支舞是模仿九〇年代在年輕小女生之間風靡一時的 Para Para 舞。廣告商在想出這個創意時，應該是考慮到當時的小女生都已經長大，變成主婦了吧。

二〇一五年則推出名為「Price Lock（凍漲）」的促銷活動。當時正值日幣貶值，進口成本水漲船高，許多食品和生活用品都開始漲價的時期。西友用這個促銷活動來表示他們將反其道而行。

由此可見，西友多年來苦心經營，力圖符合時下潮流的「便宜」形象，但是他們使用的表現手法從未脫離搞笑元素，而且廣告的目標客群也一直鎖定在主婦身上。

2 バスプラ：廣告商的原創詞彙，為バスケットプライス（Basket Price）的縮寫，意思是就算買到把購物籃裝滿也不會心痛的便宜價格。與石油輸出國組織公告的原油價格（Basket Price）無關。

明明是同一種概念，為何表現手法卻如此不同？我試著思考造成這種差別的背後原因。

◉台北的街道與超市

二〇一六年，我在台北停留了幾天。入住林森北路的飯店時，我驚訝地發現，光是從飯店到捷運站的這數百公尺的路上就有三家超市，而且附近還有幾家便利商店零星分布，讓我不禁擔心，這麼多家超市和超商，有辦法共存嗎？

不過，在附近繞了一圈之後，我頓時豁然開朗——因為這裡有很多集合住宅。住宅大樓在飯店和商家之間交錯林立，大街上出租大廈的高樓層也經常被作為住家，其中應該也有不少像套房這種適合一個人住的房型吧。

我在網路上找到的一些大學以及智庫的研究報告指出，台北市以打造「職住相鄰」的都市環境為目標，一直以來不斷推廣高密度中高層集合住宅的普及，以及讓住家和工商設施共存的建築。根據考察，這些政策的基礎是騎樓、街屋等傳統的建築樣式。如果市中心有很多住家，開了這麼多家超市自然就不奇怪了。

這樣的情況也反映在廣告上。頂好二〇一八年的廣告「歡樂六小時・買三百送四十」，從一雙雙腳走在傍晚的大街上開始，這一幕應該是人們下班後走在回家路上的場景吧。而其中一雙腳（穿著高跟鞋）忽然像是想到什麼一樣停下腳步（搭配鬧鐘在下午六點響起的畫面），接著直接走進頂好超市。

另外，美廉社在二〇一八年推出了一支長約十三分鐘的廣告。故事背景是一家在台北市中心的巷弄裡隨處可見的小超市。前來消費的男女（二十～三十幾歲的年輕人）都是會和店員閒話家常的熟客，包含一位習慣在下班後到店裡採買的女性，以及會在夜跑時順路買點東西的新婚夫妻。

這樣的背景，使得像全聯經濟美學這種讓獨居年輕人拿著超市購物袋走在市中心各個角落的廣告非常貼近生活；而若是能製造合適的動機，或許還能吸引習慣去便利商店的年輕人到超市消費。我們可以推測，是這種背景造就了「讓撿便宜看起來很酷」的廣告。

美廉社
（2018 年）

◉日本的都市與居住環境

不過這點可說是和日本的都市完全相反，因為職住分離已經是日本固定的都市形態。

日本從上個世紀的高度經濟成長期到泡沫經濟期，人口和企業快速往都市集中，因而帶動都市地區的地價飛漲。一般民眾的經濟難以負荷都心的生活開銷，因此把土地賣給商業設施或辦公大樓，自己則搬到郊區，之後搭電車到都心上班的通勤生活成為主流。

都市鐵路網的早期建設基礎也助長了這個趨勢。連結東京都心、郊外以及周邊縣市的鐵路，大多都在十九世紀末到二十世紀前半期的這段期間就已經開通。起初用於觀光和物流的鐵路，後來也肩負起運送通勤人潮的職責。鐵路公司將郊區車站的周邊區域開發成「臥房城市」，為在都市工作的人們提供居所。

當然，像超市這種提供生活用品的商店，也在這些地方越開越多。尤其是政府在二〇〇〇年左右取消對大型零售店的開業限制以後，在郊區主要車站的正前方有大型超市坐鎮的風景便成為常態。

前述西友的 Basu Pura 廣告中，主婦們在寬廣的兒童公園專注地跳著舞。光看這一幕就可以判斷那裡不是都心。經過一番調查，我發現那座公園果然位於從橫濱站搭電車要三十分鐘車程的臥房城市。同系列的另外一支廣告，主婦們在穿越田野的拖車上賣力熱舞。這種蓋在鄉村地帶，裡面還有大型超市進駐的大規模住宅區，在日本也很常見。

除此之外，日本都市人習以為常的「通勤尖峰」也是超市無法開在都心的背景因素之一。如果要從公司所在的都心購買日用品或食材回家，就必須忍受這樣的苦行——把裝著肉和蔬菜，呈現不規則形狀的沉重購物袋，提到被人群擠得水洩不通的電車上，沿途還要擔心造成其他乘客的困擾，並維持這種狀態站上一個小時左右。結果，每天採買食物和日用品的任務還不如由整天在家，或是在家附近打工的主婦來承擔，利用離家最近的車站旁的大型超市比較合理。而超市在安排展店計畫時，也是以滿足這種需求作為考量。

換言之，在都心超市購物的行為在日本難以實踐。既然如此，充滿都會風格，用以吸引年輕人去超市消費的廣告也成了一種不切實際的做法。

◉理所當然到不需要成為「美學」

撿便宜難以在現代日本社會成為「美學」還有另外一個原因。日本的通貨緊縮問題已經持續很長一段時間了。九〇年代泡沫破裂導致景氣低迷，因此人們開始減少消費。超便宜（激安）、破盤價（價格破壞）等宣傳用語充斥大街小巷，百元商店、UNIQLO和唐吉軻德在這個時期嶄露頭角。在如此情況下，許多人把低廉的價格看做人們購買日用品的首要條件了，為的不是儲蓄或生活樂趣，而是捍衛生活的一個重要手段。

在那之後，企業增加臨時雇員的比例以縮減人事費用，以及國家財政吃緊的難題浮上檯面，使得年金、基金的運用備受擔憂，這些不利於消費者經濟狀況的問題接踵而至；再加上日本的人口成長停滯，開始影響到經濟發展等，這些未來隱憂也一一浮現，加速「減少浪費，把多餘的錢拿來儲蓄」這種心態的普及。二

〇一〇年左右，一些政治家和經濟學者把這種心態稱為「通縮預期心理（デフレマインド）」，甚至將其視為阻礙經濟成長的一大主因。

也就是說，撿便宜是現代日本一般民眾在購物時的基本考量，而不是必須用美學包裝的生活風格。很多企業都用便宜作為廣告的關鍵字，但這充其量只是一種標誌，是獲得消費者青睞的必要條件。西友的廣告創意同樣著重在如何把這個標誌變得更醒目，沒有要用便宜改變生活風格或開發新客群的意圖。

◉西友鎖定年輕族群的挑戰？

其實，過去西友也不是沒有嘗試過要吸引年輕族群。他們不但在前述的廣告裡，放了很多感覺會在網路上引發年輕人討論的有趣內容，二〇一五年時更在網路平台上推出怎麼看都不像是以主婦為目標的系列廣告。

「未來，很〇〇（未来は、ヤ〇イ）」是這個系列的關鍵字。

如果有看過西友之前的廣告，很容易就能猜到被隱蔽的字是「便宜（ヤス

イ）」。但他們刻意製作成「野生（ヤセイ）」、「瘋狂（ヤバイ）」等奇怪的版本，用無厘頭的動畫呈現每一種不同的未來。

比方說，在「未來，很野生」的版本中，在因為過度綠化導致野生動物橫行的都市地區，西友販售符合時宜的防災工具大受好評；而在「未來，很瘋狂」的版本裡，西友把店鋪改裝成超大型機器人，對抗有外星人入侵和隕石墜落的瘋狂未來。當然，也有「未來，很便宜」的版本，描述無法滿足於特價受到時間或品項限制的民眾，被帶到全年全品項都比其他店家便宜的西友超市。這些廣告當時在網路上瘋傳，尤其提升了西友在年輕族群的知名度。

然而，雖然贏得了眾人的目光，這些廣告似乎沒有為西友帶來實際效益。因為該系列只播了短短幾個月，隔年就被換成「家庭主婦因為買到便宜而暗自竊喜」的這種理所當然又了無新意的系列廣告了。

西友
未來，很瘋狂

◉關於日常煩惱的描寫

台灣的超市廣告還有一個讓我很在意的地方，那就是裡面會描寫到一般民眾會擁有的一些「不安」情緒。

在前述的美廉社廣告登場的三組常客，其實都面臨了有點困難的人生關卡：慢跑的新婚夫妻一直為了參加國外的馬拉松賽事努力存錢，但由於太太意外懷孕，他們必須過得更縮衣節食；習慣在回家路上採買的女性，因為在下班後還是一直收到上司傳來的指令，正在考慮換工作；與即將去德國留學的女友一起到超市購物的男性，則被女友以遠距離戀愛太辛苦為由提出分手。

全聯的咖啡休息區OFF COFFEE二〇二一年的廣告——「媽媽的黑洞」，主角是一位五十歲的主婦，她從小就不愛說話，不但從以前就很少跟媽媽聊天，現在也不擅長加入附近婆婆媽媽們的話題。她在購物時順路走進OFF COFFEE，對咖啡杯傾訴說不出口的心聲。

另外，全聯在二〇一八年推出的廣告「生鮮年中慶」，則用強烈的視覺衝擊，

全聯福利中心
媽媽的黑洞

表現在日常生活中經常被忽略的浪費食物的問題。他們用硬幣代表沒有在保存期限內吃完的食物，利用人們把大量硬幣嘩啦嘩啦倒進廚餘桶的畫面刺激觀眾，接著再藉此宣傳可以在一天內吃完的小包裝食品。

這種類型的廣告是從以前就有的，還是最近才開始變多的呢？總而言之，這些關注多元族群以及現今社會問題的內容充滿了現代都會感。

◉貫徹歡樂路線的日本超市廣告

其實這些廣告對於看習慣日本廣告的人來說有點沉重，因為日本的超市廣告幾乎都是輕鬆愉快的內容。

ITO YOKADO二〇二一年的「一百周年紀念」廣告就是典型的例子：家庭主婦帶著小孩一起笑著購物、笑著和店員交談，最後踩著輕快的步伐回家。同一家超市二〇一〇年～二〇一五年的廣告，由關根勤、蘆田愛菜（當時是小學生）和其他幾位藝人扮演一家五口，用熱鬧的氣氛和時而誇張的演技，宣傳超市賣場

ITO YOKADO
（2021年）

的樂趣以及商品的品質。或是像 AEON 二〇一七年「復活節促銷」廣告的卡莉怪妞，請知名藝人用歌舞表現出慶典的感覺。這種沒有任何意料之外的發展又充滿歡笑的廣告占了絕大多數。

除此之外，畫面的色調也總是乾淨、明亮的，我不曾看過像美廉社或 OFF COFFEE 那種黯淡又安靜的廣告。台灣家樂福線上購物二〇二〇年的廣告，描述正在確認支出紀錄的小資女因為花了太多錢而臉色鐵青，就連這種小小的不幸也很少出現在日本的廣告中。

◉台灣人和日本人面對「不安」的方式

這並不是說日本人的問題、煩惱就比台灣人少。台灣廣告所描述的情況，在日本應該也很常見，可是日本的超市不會想用這些主題製作廣告。

話是這麼說，其實我自己對於前述的美廉社和 OFF COFFEE 的廣告，也並非全然理解，尤其是在登場人物的問題並沒有得到解決的部分。一般來說，廣告的劇情編排是基於一個大原則上進行的，就是用欲宣傳的商品或服務為消費者解決難題。但是前述的廣告卻沒有這樣收尾，而是留下讓觀眾自行想像的空間。

我一邊思考為什麼，一邊瀏覽各種廣告，結果在西友的 YouTube 官方頻道上，看到一個用寂寞的風格描述喪妻的男人與兒子的廣告（二〇一五年）。太太過世後，這對父子經常用調理包當晚餐，有一天兒子說：「好想吃媽媽的咖哩喔。」爸爸便照著太太留下來的食譜，挑戰做出「媽媽咖哩」。電影般的畫面以及讓人意識到非常態族群的部分都和 OFF COFFEE 的「媽媽的黑洞」很像。

「原來日本也有這樣的廣告啊！」我對此感到欽佩，但稍後發現這其實是廣告專門雜誌特別企畫的一環。由不曾參與廣告製作的影像創作者，在「除了主題之外，沒有任何限制」的條件下自由發揮所製作出來的假廣告。也就是說，儘管日本人也可以從超市聯想到這樣的內容，企業卻不會主動將其作為正式的廣告。而且這支廣告的結尾是兒子在吃了爸爸做的媽媽咖哩後露出笑容，完全符合「用商品解決問題」的劇本。

這樣的差異到底該如何解釋呢？我想到了一個可能性——會不會是因為台

西友
（2015 年）

灣人比日本人更能忍受「問題無法獲得解決的不安」呢？

在日本經常可以看到讚許台灣人樂觀正向、獨立自主以及勇於挑戰的言論。雖然我所擁有的知識不足以說明背後的原因，但是我想像得出來，在第二次世界大戰後，現代社會逐步確立的時期，台灣人在比日本更嚴峻的社會體系、更不穩定的經濟環境下夾縫求生的模樣。他們面對意外打擊的應變能力，以及認為總會有辦法的樂觀主義，也許是在當時培養出來的吧。既然如此，那些主角的煩惱沒有獲得解決的超市廣告也就說得通了。

另一方面，日本人在六〇年代到九〇年代享受著穩定的社會發展與經濟環境，即使在進入不景氣之後，還是有不少人無法脫離當時的心態。因此在遭遇國內外的局勢動盪或環境變化時，一心追求安定的他們只能懷抱著難以言喻的不安。

在這樣的情況之下，提供每日飲食的超市也成了和平日常的象徵。如果廣告裡的日常生活出現變化或不安的要素，或許會讓很多消費者陷入焦慮。日本的超市廣告必須用家人的笑容或無厘頭的笑話——至少必須要「笑著」結尾，否則難以被社會大眾接受。

◉ 與「不安」共存的時代會來臨嗎？

然而，日本人的這種心態似乎在二〇二〇年新冠肺炎疫情的影響下逐漸改變——我在看了一個廣告之後浮現這樣的預感，那是AEON的自有品牌TOPVALU在二〇二一年推出的廣告「生活應援計畫」。

在三十秒長的影片裡出現了三組消費者，分別是起床吃早餐的年輕女性、熬夜苦讀的男性，以及幫年幼的女兒做了鬆餅後一起分享的母親。前面的一男一女引起了我的注意。由於畫面裡沒有出現其他角色，他們應該是被設定成獨居的學生。雖然在享用商品時面帶笑容，但還是能看到像是在忍耐幾分寂寞的表情，而且在畫面呈現上也刻意活用了陰影。

在新冠肺炎疫情肆虐的這一年，外出和接觸人群的機會大幅減少，人們被迫整天待在家中。尤其大學生這一年的課程全都變成遠距教學，社團活動也宣告暫

AEON TOPVALU
生活應援計畫

停，似乎有不少離鄉背井、在外讀書的學生只能長時間獨自一個人悶在家中。

在這樣的情況之下，整個社會意外共享了不安、寂寞和痛苦等負面情感。AEON 的廣告看來稍微利用了這種感覺。

實際在生活面上，不再頻繁出入都心的年輕人和改成遠端工作的上班族，可能會比以前更常到家裡附近的超市購物。因為超市與日常生活密切相關，廣告裡的情境可能也會變得很不一樣。

當然，在疫情平息之後，社會也有可能會完全恢復原狀（以日本來說，這種可能性很高。在三一一大地震後也是如此），未來的發展還很難說。

內行看門道

矛盾創造出的深刻印象

二〇一五年的全聯經濟美學系列有一句這樣的廣告標語：

離全聯越近，奢侈浪費就離我們越遠。

「越近」和「越遠」的對立會擴大這句話在我們腦中的落差，從而加深印象。這樣說來，「經濟美學」這個系列名稱，也是將意思相互矛盾的兩個詞，組合成宣傳效果十足的概念詞彙。

善用前後矛盾是撰寫廣告文案的有效手法之一，以下將介紹幾個我記得的日本廣告標語。

「（喝光商品後）啊——！真難喝！再來一杯！」

這句日本的經典廣告台詞從一九八〇年起沿用多年，出自於Q'SAI健康食品公司「青汁」蔬果汁的廣告。這間公司與商品的知名度原本僅限於日本的九州地區，但因為這支廣告多次被電視節目當成有趣的題材介紹，才成為全國家喻戶曉的商品。那是距離社群網路出現很久之前的事了。

這支廣告的記憶點來自於一般不會用在廣告裡的負面評價——「難喝」，以及「再來一杯」，這兩詞之間給人完全相反的反應，落差極大。這種單純的巧思讓我想到大阪的大眾搞笑文化，感覺旁邊會有另一個負責吐槽的人，馬上接著說：「欸不是，你還要繼續喝喔!?」順帶一提，代言人八名信夫是著名的「反派專業戶」，一臉看起來就不是善類的人，卻喝著有益身體健康的飲料，這種矛盾也有助於提升宣傳效果。

這支廣告也被寫進維基百科，根據上面的敘述，當初設計的台詞原本是「這東西對壞人也很好喔！」（台詞本身的矛盾不變，但有種像評論的感覺，而且意義不明，缺乏衝擊力道。）不過八名信夫在拍攝前試喝時，因為覺得實在太難喝了，便主動提議「能不能直接說『好難喝』？」如果這段敘述屬實，我們可以說，因為有他誠實說出自己的感想，再加上業主寬宏大量，願意採納他的提議，才成功讓商品揚名全國。

而近期讓我印象深刻的，則是結婚資訊雜誌《ZEXY》二〇一七年的文案：

在這個不結婚也能獲得幸福的時代，我還是想跟你結婚。

身為一個以有結婚意願者為主要客群的雜誌媒體，竟然公然宣布「不結婚也能獲得幸福」，這件事在當時引發熱烈討論。背景因素包含日本的離婚率升高，以及有越來越多情侶不結婚、不辦婚禮，這句文案把這些顧慮簡潔有力地濃縮在前半句，再讓年輕女代言人說出「我還是想跟你結婚」，成功地強調了結婚時幸福洋溢的感覺。

而另一方面，也有只透過語氣製造矛盾的廣告手法。

例如西武百貨在一九八八年為情人節推出的形象廣告文案：

你這個傢伙，我最喜歡了。（あなたなんか、大好きです。）

副助詞「なんか」是用來表現輕視或厭惡某個事物的語氣，因此在「你這個傢伙（あなたなんか）」的後面，通常會接「討厭（嫌い）」或「最討厭（大嫌い）」。而這裡卻反其道而行，接了完全相反的「最喜歡」，更能強調對對方的強烈愛意。

而且「我討厭你這傢伙（あなたなんか嫌い）」往往被當成是女性在心儀對象不肯回應自己時說的慣用句（其實，我也曾經被說過一次）。故讓人聯想到這些小地方的形象廣告詞，可以將情緒立體地呈現出來。

比較新的例子則有戴爾筆電ＸＰＳ在二〇一一年廣告裡的「『打』造，你的世界。」（君の世界を、ブッ作れ。）

這裡的「ブッ」（也可以寫成平假名「ぶっ」）是從動詞「打（打つ）」衍

生的接頭語，為動作增加粗魯或激烈的語感，會隨著接在後面的動詞變形成「ぶん」或「ぶち」，用法諸如「打飛（ぶっ飛ばす）」、「痛毆（ぶん殴る）」、「說大話（ぶち上げる）」等等。

當具有這種效果的「ブッ」被接在「你的世界」後面，一般會預期是「破壞」（ブッ壊す）之類的動詞。但顛覆這個前提，改用「打造（ブッ作れ）」，從落差營造出強烈印象與用力的感覺。

綜上所述，前後矛盾的廣告文案用途廣泛，從整體概念到局部細節皆可適用。但想當然，如果在平常這樣講話，很有可能會造成誤會，尤其是正在學日文的讀者，請不要直接把這些例句拿去用喔！

英語補習班——

不會英文，傷腦筋的是誰？

◉就算你跟我說用英文也ＯＫ……

二〇一六年到台灣旅行時，我和幾位在網路上認識的台灣人見了面。對於不會日文的人，我當然有試著用中文交談，但是姑且不論讀、寫能力，我的聽、說還不到日常會話的程度，因此常常說到一半就卡住。有些人看我支支吾吾，便想幫我一把，跟我說：「說英文也ＯＫ喔！」

唉，可以的話，我也想啊。只可惜，我的英文程度甚至不及我那蹩腳的中

文。實在沒辦法，我只好請對方耐心等我想到怎麼說，或是用中文筆談，又或者乾脆放棄講太複雜的內容。

其實，像我這種程度的英文能力，在同一輩的日本人之間還算是中上等級。日本人明明在中學和高中學了六年英文，可以用英文溝通的人卻少之又少。有一支日本廣告問到：「明明就可以用英文考試，那為什麼不能用英文交談？」（POLIGRIT／二〇二一年）這句話說中了絕大多數日本人的心聲。

另一方面，無論是街頭的招牌、新聞媒體、商品包裝或娛樂產品，日本到處都看得到英文的隻字片語，對海外文化的憧憬無所不在，而我們就在這樣的環境下長大成人。

因此，具有一定教育程度的日本人，無不希望可以說得一口流利的英文。為了抓住這些大眾的心，各家英語補習班紛紛在廣告的表現手法上一較高下。

◉不會英文，辦公室就會出現成堆的大紙箱

有一句話叫作「胡蘿蔔與棍子[1]」。從企業、教育，乃至於政治，舉凡各種領域，都會用這種方法驅策他人，而使用「胡蘿蔔」和「棍子」的表現手法也廣泛出現在日本的英語補習班廣告裡。

Berlitz Japan 二〇〇八年的廣告是我覺得善用棍子一例，也就是讓人產生危機感，意識到在現在這個時代，不會說英文就麻煩大了。

一位名叫鈴木（Mr. Suzuki）的年輕生意人參加了一場都是歐美人的會議。

1 胡蘿蔔與棍子（Carrot and Stick）：為西方的俗諺，是利用人類「趨利避害」的本性，透過獎勵或懲罰來加強或削弱個體的某種行為的方法。

「要開始會議了嗎？」(Shall we start the meeting?) 像是司儀的人說完這句話，便從桌子底下踢出一顆足球，而接到球的與會者要在發言結束時傳球給其他人。於是，每個接到球的人都在展現高超球技（代表發言內容水準）後把球傳出去（代表參與討論的積極度）。儘管他也很想參與其中，卻一直找不到插話的時機。

最後，司儀對鈴木說「鈴木先生，您覺得呢？」(What do you think, Mr. Suzuki?)，接著向鈴木傳了一記強而有力的球。鈴木接下了球，嘴上卻停在「是，我……」(Yes, I'm...)

鈴木遲遲說不出下文，想要踢球的腳也只是擦過邊緣，傳球以失敗告終。現場陷入一片沉默，與會者全都對他投以狐疑的目光。

這時，旁白說：

「他不是不會說英文，只是技巧不足。

賦予你超越會話程度的商用英文技巧。Berlitz。」

在本書列舉的例子當中，這支廣告算是比較早期的作品，但我至今還沒看到有哪支廣告像它一樣，巧妙地表現出在國內被認為英文還不錯的日本人，內心不為人知的恐懼。

不過，這支廣告點出的還只是個人問題；二〇一四年的廣告甚至暗示英文能力不足會危害到整間公司。大紙箱一個接著一個被搬進辦公室，轉眼間便堆積如山，似乎都是外國廠商送來的。見到這幅景象，看起來像是主管的人氣得破口大罵：「我們沒有訂這些啊！這是誰負責的？」

辦公室裡的年輕員工想起了一件事，臉色越來越差，因為他幾天前和外國公司用英文通電話時，明明沒有完全聽懂對方的意思，就反射性地回答「是、是。」（Yes, yes.）。他的心聲化作巨大的文字出現在螢幕上：

當時，我到底對什麼回答了Ｙｅｓ？

這些內容都是日本人可能會遭遇到的情況。「如果換成是我的話……。」光是想像就令人不寒而慄。

Berlitz Japan 的平面廣告也有很棒的標語，表現出在工作環境全球化下，

Berlitz Japan
國際電話篇

不知所措的日本上班族經常遇到的情況：

用英文開會，

聽不懂也沒關係，

總之一直點頭就對了。（二〇一七年）

Yes...

（是的，這樣做的確在預算內，但交期和品質會有風險……。可是以我的英文程度，就算說明了，對方也聽不懂，只會把事情變得更複雜，所以眼下還是閉嘴照做就好，我做就是了。）（二〇一二年）

◉外型亮麗的女演員用英文侃侃而談

另一方面，使用胡蘿蔔——也就是強調「會英文有好處」的廣告，讓我印象深刻的有 AEON 和 NOVA，這兩個源自拉丁文的單字都是日本大型英語補習班的名稱。

二〇一七年 AEON 的廣告，人氣演員石原聰美（當時約三十歲）在加拿大的鹽泉島體驗慢活。不論是尋找前往島上的交通工具、在飯店內收集資訊還是上甜點課，每一個片段，她都用豐富的表情以及以日本人來說非常流利的英文與當地人溝通。這個系列另外還有紐約版和洛杉磯版。

同年 NOVA 的廣告則描述同為演員的水原希子（當年二十七歲）挑戰在美國好萊塢登台演出。參加試鏡時，評審對她的評價是演技很好，可是英文不行，於是她決定留在當地生活，順便加強英文能力。在不同片段，她在公寓裡反覆練習同一個句子，或是在餐廳嘗試用英文點餐；而在最後一篇，劇團成員對她說：「等妳準備好了（指練好英文），我們隨時歡迎妳的加入。」可以預見她今後將會有很好的發展。

AEON
加拿大・溫哥華篇

◉英文需求男女有別

看著這些廣告，我發現它們可以分成兩種類型：棍子是男性取向，以商業為主題；胡蘿蔔則是女性取向，以圓夢為主題。

這種分法也不是沒有例外，例如前述 Berlitz 的平面廣告也有「不會英文的職業女性」版本，但整體來說比較少見。另外，NOVA 的水原希子系列也可以解釋成是在追求更好的職涯發展，不過只播了一年就結束了。二〇一八年推出的新系列，改由比水原希子小上許多、年約二十歲的演員武田玲奈演出。她在東京街頭向煩惱的外國遊客搭話，提供對方店家資訊；隔年的版本則是在行經橫濱的公車上，搭訕一對來觀光的外國母子。這些廣告奠基於當前外國觀光客日益增加的時空背景，並刪除與工作有關的情境。

順帶一提，武田玲奈的英文有很重的日文腔，但她可以毫不費力地說出比較複雜的句型，讓想學英文的人覺得這種程度，我也做得到。

雖然我不知道這些廣告在製作時是否有參考某些數據，但是在歐洲一個名叫

MosaLingua的語學教育企業所做的意識調查，可以看到類似的結果：針對學習外文的理由，男性大多回答工作需要；女性則是以為了旅行、興趣或自我啟發占了多數。由此可知，這種傾向也許不僅止於日本，而是全世界皆是如此。

◉用英文工作的女性，嚮往說英文的男性

可是，台灣的廣告卻未必有跟隨世界的潮流，甚至可說是反其道而行，這點讓我相當詫異。

菁英國際以女性商用英文為主題，推出了兩種不同類型的廣告。一種是冠上創立二十周年之名的迷你短劇「讓人生開始不一樣」（二〇一七年）。

故事描述張恩嬅飾演的主角參加了某間公司的實習生面試。面試官告訴她，因為經理是美國人，所以工作上要用英文溝通。雖然主角在大學的英文成績很好，但不擅長聽、說，所以並沒有被錄取。但是她努力加強自己的英文會話能力，在半年後錄取該公司的正式員工。然而，出席美國總公司的會議時，她卻無

法好好表達意見（正是在本章開頭介紹的 Berlitz Japan 的廣告裡，鈴木遇到的情況），廣告全篇氣氛嚴肅且平鋪直敘。

另一種則是名為「十二星座小資女」的系列廣告（二〇一五年）。這是以辦公室為舞台，將ＯＬ的個性和行為按十二星座分類的短篇喜劇，描述主角饒星星製作英文文件、翻譯等在職場奮鬥的故事。

除此之外，Tutor ABC二〇一四年的系列廣告「為愛超越」，描述一個為了小孩離開職場十年的家庭主婦，因為看不下去先生為了工作勉強自己，決定重回職場賺錢，開始學習英文會話，到外商公司參加面試。

另一方面，主角為男性的廣告則是以脫離現實的內容居多。

前面提到的「為愛超越」一共有三部曲，另外兩部的主角都是男性。其中一部是一位五十五歲的父親，為了即將嫁給美國人的女兒，他從基礎開始學習英文，之後便飛往美國參加婚禮。在婚禮上，他用英文對新郎說了一席話，展現了岳父的威嚴：「珍惜我的女兒。如果你欺負她、讓她哭，不管你跑多快，不管你跑多遠，我都會找到你，踢你的屁股！」另一部的主角是一位學生，口吃的他

菁英國際
十二星座小資女

個性內向，而且還經常遭到欺負。為了改變自己，他報名參加大學生英語朗讀比賽。

他們學英文的動機與工作無關，而且與女性取向的廣告相比，缺乏普遍性。

也有一些比較搞笑的廣告內容。例如不論是走在街上、參加面試還是被外星人綁架，遇到的對象全部都只說英文（戴爾美語／二〇一四年）；又或者是被選聘為美軍開發的軍用機器人駕駛，卻因為不懂英文而遭放棄徵召（菁英國際／二〇一五年）等等。

巨匠美語二〇一九年的廣告，主題是《白蛇傳》。美麗的白蛇精把前來消滅自己、喜歡中國功夫的年輕人打成「魯蛇（loser）」。接著白蛇精大尾一掃，把他扔進英語補習班。另外還有一個版本出現了青蛇精小妹，不過這個設定只能由女生來演吧（順便告訴你們，我在這個廣告學到了「魯蛇」、「魯下去」和「脫魯」這些說法）。

巨匠美語
魯蛇篇

◉台灣人學英文的動機是什麼？

在台灣的廣告裡，女性學英文是為了工作；男性則是為了其他夢想或是「脫魯」。不過，現實中的情況卻未必如此，其中的落差該如何解釋呢？難道說，這是刻意挑選目標客群的廣告策略嗎？

以下是我的推測：在台灣的商場上，英文是一種與工作息息相關又非常現實的能力，所以如果有學習需求，應該會立刻尋找方便上課的補習班開始進修吧？他們不會去看電視廣告，而是透過店面的招牌、傳單或網站，比較每家補習班的具體特色。因此男性取向廣告的目的，在於向目前不太需要用到英文的客層展現英文的潛力，吸引短期客戶。在前述巨匠美語的「白蛇與魯蛇」中，進到補習班的年輕人馬上就變得很會說英文，大喊「學英文真簡單！」（Learning English is so easy!）如果說這種直白又超現實的內容也是為了這個目的，我就能夠理解了。

另一方面，女性取向的廣告所代表的涵義，也許可以解釋成台灣女性對於

「用英語作為升遷手段」抱持高度期待。

據我了解，台灣投入職場的女性比日本多，在職業上的男女差距也比較小，不過薪水好像還是或多或少有一點差別。根據台灣中央通訊社的日文網站[2]，二〇一六年，如果男性的薪資為一百，女性則是八十三·六一，兩者之間的差距正在逐年縮小[3]。

在這樣的情況之下，應該有很多女性覺得只要努力提升能力，就可以追上男性吧。前述菁英國際的「十二星座小資女」廣告，有一段描述饒星星在增進英文能力之後，躍升為前主管的頂頭上司。儘管這支廣告以喜劇的方式呈現，內容或許意外地貼近現實。

二〇二〇年，新冠肺炎的疫情也衝擊了台灣社會及企業活動，在這個時期，Tutor ABC 發表了名為「一『職』陪著你」的廣告。三位主角當中，有兩位是女性（分別是即將畢業的大學生和正在考慮換工作的上班族），剩下一位是遭到裁員的中年男性，他們都為了謀得好工作而學習英文，把英文當成一種武器。看來不論性別為何，每個人都對英文與工作的密切關連性有很深的體悟。

2 〈一六年的台灣，男女薪資差距來到歷年最低〉。二〇一七年二月二十四日。

3 順帶一提，同年日本全職勞工的薪資，男性比女性約為一百比七十三。參考來源：《日本經濟新聞》，〈女性薪資在一六年是男性的七十三%，消弭差距路途尚遠〉，二〇一七年二月二十二日。

◉日本廣告裡的「焦慮」

相較之下，日本人似乎還是覺得英文遙不可及。

以男性為主的「棍子」廣告和以女性為主的「胡蘿蔔」廣告，乍看相反，實則不然。他們的目的都一樣，那就是讓看到廣告的潛在客戶感到「焦慮」。

日本的棍子廣告用露骨到近乎威脅的語氣告訴觀眾：「如果不學好英文，有麻煩的是你自己！」相反的，台灣的菁英國際「讓人生開始不一樣」廣告中，張恩嬅即使跟不上會議的英文內容，也沒有慌了手腳，而是想著要繼續努力把英文練好，預約了新的課程而已。

另一方面，石原聰美的胡蘿蔔廣告，雖然做的很像愉快的旅遊節目，但作為潛在顧客的年輕女性，恐怕無法保持平常心看到最後吧。因為這支廣告揭露了已經有人開始朝著夢想邁進，讓他們強烈意識到會英文對人生帶來的重大影響，簡直就像是在挑釁一樣。

不過，在我看來，這種表現方式反而讓我感受到業主那種「我們為你們吹笛，你們卻不跳舞[4]」的焦慮。

日本的確也因為企業活動全球化、外國遊客增加以及東京奧運等背景因素，導致學英文成為一種當代趨勢；樂天、UNIQLO 等大型企業也指定英文為公司內部的通用語言。

然而，日本人的行動卻相當緩慢，日本英語補習班廣告後來的趨勢正象徵了這種情況。

舉例來說，Berlitz Japan 推出了一些看準「後疫情時代」的廣告。在二〇二一年的廣告裡，面對用英文熱情招呼，並示意要握手的歐美客戶，日本人露出有點困擾的微笑，抓著後腦杓不斷後退。這段影片搭配的旁白說：

「他為什麼要後退呢？是因為在意社交距離嗎？不，他只是想逃避說英文而已。」

接著，當他終於用拙劣的英文擠出「我、日本……」（I am Japan...）這幾個字後，以下這句廣告標語遮住了他的臉：「準備好英文吧。為了因應瞬息萬變的世界。」言下之意就是現在根本還沒準備好。

Berlitz Japan
（2021 年）

4 出自《新約聖經》，指做了萬全準備，對方卻不領情。

二〇二〇年的廣告則描述一個男員工獨自在會議室裡對著電腦自言自語，另外兩個男同事覺得他很奇怪，但他其實是在用英文和外國客戶進行線上會議。在這個橋段裡，坐在會議室的男人「躲起來說英文」，以及在背後觀察他的兩個同事「不知道他在做什麼」，都暗示了「公司裡還沒什麼人會說英文」。

儘管表現手法不一樣了，想表達的意涵卻從二〇〇八年開始就不曾改變。

◉專攻年輕女性市場的廣告看起來都很開心

而以女性為主角的廣告甚至讓人覺得降低了「達成」的標準。

首先，標榜一對一會話教學的 GABA，二〇一九年的廣告找來年約二十歲的 Motola 世理奈代言，描述她在外國講師的讚美和表揚之下開心上課的模樣。AEON 從二〇一九年把代言人換成與世理奈年紀差不多的永野芽郁，推出她開心上課的系列廣告。另外，在她潛入教室進行現場報導的版本當中，可以看到講師和學生從上課前就在大廳相談甚歡，上課時的氣氛也相當熱絡。

NOVA二〇二一年的廣告裡，武田玲奈跟著三十年如一的廣告歌曲「可以盡情聽、盡情說」跳了一段可愛的舞蹈。這不就跟安慰要讀幼稚園的小朋友說「一點都不可怕喔，進來試試看嘛」沒什麼兩樣嗎？

到頭來，擁有超過一億以上人口的日本，由於經濟活動有很大一部分是在國內進行，對接納移民也稱不上積極。現在還是有很多日本人，在工作或生活上完全不會接觸到外國人，沒有實際感受到學英文的必要性。因此，無論英語班再怎麼大聲疾呼，最後依舊是竹籃打水一場空。

◉兒童英語班描繪的「夢」

不過，不管是在台灣還是日本，大多數人都想讓自己的小孩學好英文，使得兒童英語班開得越來越多，盛況空前。

我們先從台灣的廣告開始說起。在我的印象裡，大概到二〇一七之前，廣告呈現的內容多半是孩子們的夢中世界（不是指未來的夢想，而是睡覺時做的夢），像是半夜裡突然開始說英文的繪本、親切友善的老師、出現在教室外的汪洋大海，或是繪本裡突然動起來的貓咪和魚兒，表現出孩子們用彷彿穿梭在現實與夢境中的感覺學習英文（佳音美語／二〇一四年、二〇一七年）。

有些廣告裡的小孩則像童子軍一樣，透過參加戶外活動或文化交流學英文（長頸鹿美語／二〇一四年）；而介紹 e-teaching（學習 E 化）的廣告也用浮在空中的教材畫面或觸控面板呈現未來感（長頸鹿美語／二〇一七年）。總之，他們的宣傳重點在於這裡是一個能讓孩子們盡情歡笑、用力做夢的地方。

後來，他們稍微調整路線，有越來越多廣告轉而陳述父母託付給孩子的「夢」。

格蘭英語二〇一九年的廣告，描述一個小男生和媽媽從英語補習班下課回家，半路上遇到外國遊客向他們問路，於是小男生大方地用英文為對方指路；而同年樂獅英語的廣告，則描述一位女性，收到小時候結交的外國朋友的英文信。而在英語班上課的女兒代替看不懂英文的她讀信，還在兩人見面時幫忙翻譯。

這兩支廣告的主角都是小學生，英文能力卻不亞於日本 AEON 的石原聰美和 NOVA 的武田玲奈。有這樣的小孩，做父母的一定很驕傲吧。

二〇二一年佳音英語的廣告設計得相當巧妙，不但闡述了孩子的夢，同時也對父母露出一截棍子。廣告中，看起來大概是小學一、二年級的孩子們，在街上遇到「長大的自己」並與之對話。「長大的小女生」成為一名到紐約發表作品的服裝設計師，卻因為小時候英文沒學好而錯失良機；「長大的小男生」參與了太空船的開發工程，卻也因為不會英文而在臨門一腳止步。

這個系列的廣告標語是「不讓長大的你有遺憾」，雖然對象是小孩，但他們應該看不懂吧。這句話真正的用意是對父母說：「不讓長大的『你的孩子』有遺憾。」

佳音英語
差一點篇

◉用英文大談未來和夢想的理想兒童

日本的兒童英語班廣告也有很多讓家長們充滿「夢想」的演出，但裡面出現的理想兒童卻和台灣的不太一樣。

在AEON的兒童補習班「AEON KIDS」二〇一八年的廣告中，幾個十歲左右的孩子們笑著用英文討論以下內容：

「據說在不久的將來，人工智慧和機器人的能力將會超越人類。你們有什麼看法？」

「我覺得我們人類的魅力不是只有聰明而已。」

另一個版本則是在一個堆滿書本的房間裡，一位日本女孩對著歐美男孩說：「總有一天，我要開發出在沙漠裡也能栽種的作物，幫助全世界的人類！」

YAMAHA英語班二〇一八年的廣告，描述一個補了六年英文的十一歲男孩，在廣島縣的觀光聖地——鞆之浦，對一對正在看地圖的外國夫婦說「需要幫忙嗎？」（Do you need help?）並替他們帶路。在前往目的地的途中，他做了一段簡單的導覽：

「這條路上還保留著古老的建築物，聽說還是知名動畫[5]的取景地喔！」

他的英文程度自然不用說，就連落落大方的舉止都不像是一個小學生，可謂是現代日本大人心目中的理想兒童。NOVA的武田玲奈和AEON的永野芽郁也

5 坊間謠傳是吉卜力工作室的《崖上的波妞》，但劇組並未明言證實。

有出現在各自的兒童英語班廣告中，她們負責扮演看到這些兒童之後，驚訝地稱讚他們的人。

◉日本父母託付給孩子的「夢」

綜上所述，日本人雖然很崇拜英文，學習意願卻不高；另一方面，日本社會在產業全球化的發展上稍嫌落後，出現危機意識的日本政府，期望增加有能力在世界各國與當地人或外國人競爭的人才。

於是，他們開始重視在學期間的英語教育。在以前，日本人是中學才開始學習英文，但是自二〇二〇年起，小學也導入了英語課程；中學、高中的英語教學重點則從長文解讀轉移到會話和演說。

而這種英語教育下的成功案例，具現化成為前述兒童英語班廣告裡出現的小孩。父母把夢想託付給孩子的故事時有所聞，但也許日本全國上下都正在做這件事。

不過，和台灣廣告比較之後，我發現了一個奇怪的地方。在日本的廣告裡，孩子們流利地說著英文，但內容與其說是對話，倒不如說是「演說」；從帶有惡意的眼光來看，甚至會覺得他們是在背誦事先準備好的文章。在這點上，台灣格蘭英語和樂獅英語廣告裡的小孩，看起來更像是根據對方說的話做出臨場反應。尤其樂獅英語的小女生在幫媽媽的故友翻譯時，覺得飛往世界各地工作的他真的很酷，並且把這件事當成自己的夢想。

這樣的差別該如何解釋呢？其中一個可以想到的原因，是台日雙方對於「會英文」的價值觀略有不同。

對台灣人來說，英文是能夠幫工作加分的工具，但是在他們的觀念裡，應該覺得這和他們平常使用的語言是一樣的東西。相較之下，英文在日本人眼中似乎成了一種「超能力」——一種能夠有效交換知識和情報、說服他人並讓對方刮目相看的能力。在作為語言之前，英文是「為了在今後的社會佔有優勢的力量」，父母輩的這種觀念也表現在廣告裡。而促成這種情況產生的背後原因，難道不是因為英文生活化程度不如台灣嗎？

再說，日本父母們預期的「今後的社會」也未必會如願而至。正如AEON廣告裡的小孩所說：人工智慧有可能會在未來超越人類。如果是石原聰美所示範的英文程度，ＡＩ搞不好還能代為效勞。

在這樣的時代，比起英文或演說能力，或許更需要能夠互相傳達包含弱點和煩惱在內的想法，建立跨國、跨文化連結的「感性」。如果大家可以在學習外語的同時，一併培養這種素養就好了。

交通

4

不只是代步

機車

「機車王國」的台灣vs.「不吵醒孩子」的日本

◉台灣是機車王國

上次去台北的時候，我被路上大量的機車嚇得目瞪口呆。

無論大街小巷，路邊全都停滿了整排機車，這幅景象令我印象深刻，忍不住拍了好幾張照片；而大馬路必備的「停等區」和「待轉區」也讓我覺得非常新奇。只不過，一大群機車在晚上催著油門停等紅燈的畫面，看在一些日本人眼裡會覺得有點可怕（後面會詳述原因）。

總之，就這樣留下了「台灣是機車王國」的印象。既然如此，應該也有很多機車的廣告吧？我抱著這樣的想法一查，結果不出所料。

尤其大型車廠因為車種繁多，廣告經常推陳出新，查起來費工耗時。但是整體看下來，我發現這些廣告大致可以分成兩種類型，分別是用影像或文字傳達商品特徵的「說明型」，以及主要用影像展現時尚感與使用者樣貌的「形象型」。

◉一目瞭然的說明型廣告

占多數的應該是說明型吧。這種廣告具有明確的制式化結構：

·用騎乘者的年齡層和服裝明示目標客群。

·用騎車場景表現機車的使用時機（如通勤、購物、接送小孩、逛街等）。

·在行駛畫面插入解釋商品特色的廣告詞，或放大局部結構進行說明。

換句話說，這種廣告非常重視商品的實用面，就像商品型錄一樣。

光陽（KYMCO）新名流125的廣告（二〇一九年）就是一個典型的例子。一對年輕夫妻各自騎著機車上班、購物和接送小孩，約會時則是用雙載的方式一起出門。在四十秒的影片裡，用字幕帶出晶亮環保烤漆、超大置物箱、一級油耗／綠·環·勁／引擎新科技等八種訴求。

當中也有一些廣告在影像裡增添趣味性。譬如三陽（SYM）FNX的「藝術奔馳篇」（二〇一八年），梵谷的自畫像騎著機車，行駛在畫中的街道，沿途

SYM FNX
藝術奔馳篇

除了拿破崙的肖像之外，還出現了像是出自孟克及畢卡索的畫中人物。不過，這支廣告還是有好好地從各種角度展示商品，並搭配啟動、停等紅燈和重新起步的畫面，以淺顯易懂的方式宣傳零延遲瞬間啟動系統、零噪音零污染怠速系統、零後仰懸吊系統等特色。

採用制式化結構的廣告之所以比較多，應該是因為不需用出乎意料的內容譁眾取寵，只要提供商品資訊，觀眾就會願意買單。而對觀眾來說，訊息的呈現方式具有某種程度的一致性，在挑選時也會比較方便。可見機車已經是融入日常生活的實用工具，市場相當穩定。

還有一些廣告集中強調某項特色，獨特的創意趣味十足。光陽GP125二〇二一年的廣告提出根據現實情況的論點：「煞車力道最佳比例為後輪三、前輪七。但危機時，誰還顧得了最佳比例？」介紹商品可以自動調節煞車力道的特色；三陽則在二〇二一年改編台語鄉土劇，推出名為「擋子聲」的系列廣告，宣傳煞車的安全性。

◉ 不言而喻的形象型廣告

形象型廣告可以按商品類別分成三大類。

第一類是性能高、排氣量大的機車，或承襲這種風格的車種。這類廣告主要用影像和背景配樂，營造騎車時的奔馳快感，大多沒有旁白跟字幕。原因很有可能是因為廠商將目標客群設定為機車愛好者，因此在方針上僅提供能引發共鳴的影像，詳細資訊則需透過型錄或網路自行查詢。

堪稱是光陽旗艦商品的重型機車 AK550，二〇二〇年的廣告影像自始至終都是機車單獨或列隊行駛在環狀賽道、高速公路或山區，文字的部分只有最後出現的「A SUPER TOURING MAXI SCOOTER」以及商品名稱。

山葉（YAMAHA）FORCE 二〇二〇年的廣告，描述一位騎士跨上愛車，馳騁於夜晚的街道，行進畫面在不同角度之間高速切換，雖然突顯了速度感與躍動感，卻讓人遲遲無法掌握商品的全貌。最後在騎士停在河岸邊休息時，才終於出現完整的車身和緩緩浮現的商品名稱。

其次是主打設計和時尚感的車種。這類廣告大多由脫離現實生活的影像和背景配樂組成，雖然有針對形象或生活風格的描述，卻缺乏關於商品特色的說明。廠商應該是以這種車款的使用者比較不在意性能或功能性作為前提吧。

特色是復古曲線設計的山葉 Vinoora，在二〇二〇年的廣告用電影風格的畫面，呈現年輕女子騎機車逛街、在咖啡廳小憩，以及收到來自男性的熱情目光。旁白說：「喜歡，跟著感覺走。遇見，我專屬的美好。我的世界，自己就能浪漫。」內容主觀並訴諸感受；而稱得上說明的廣告詞只有一句「輕鬆騎乘」而已。

同廠牌的 Limi 二〇二〇年的廣告畫面以打扮時髦的模特兒為主，商品則以局部特寫居多，完整車體只出現了一瞬間；文字部分只有「Powerful & Sexy」「Break the Limit」等抽象的廣告詞，以及「UPGRADE to 125cc」這種最基本的資訊。

三陽的某些車種用電玩遊戲《快打旋風》作為主題（二〇二〇年），有些則是請到近年爆紅的歌手持修（二〇二一年）擔任代言人，這些廣告或宣傳影片基本上也沒有任何說明。

最後一類則是試圖同時兼具形象型與說明型的廣告。專攻女性市場的三陽 Fiddle LT 二〇二〇年的廣告，用色彩繽紛的虛構背景介紹馬卡龍色的車身，並舉出台灣女生平均身高一六一．五公分、標準握力十八公斤等根據，用不需要起身就能踏到地板，以及輕輕鬆鬆就能立起腳架等畫面強調實用性。山葉 RS NEO 二〇二〇年的廣告，片長約為一分鐘，前半段以潮男潮女在商品前擺 POSE 的模樣塑造形象；後半部則是在行進畫面插入縱列式LED尾燈、節能環保、UBS連動煞車系統等字幕說明。

無論是基於實用性而買，還是因為喜歡設計而買，從這些廣告裡可以看出，機車這種產品與各類型消費者的生活都密不可分。

◉既前衛又充滿活力的電動機車廣告

電動機車也以沒有旁白和字幕的廣告居多，原因也許和這是才剛問世不久的

RS NEO
我潮，玩出色！

新商品有關。

例如二〇一八年 Gogoro S Performance 系列的廣告，開頭是行駛在隧道裡的機車，接著出現ＤＪ與京劇交錯重疊、年輕人坐在體育館裡的課桌上，以及坐在電腦螢幕前的年輕人，後腦杓浮現 Screenagers、悟り世代、전포세대、廢青等文字。在這些超現實的影像之間，商品的局部特寫穿插其中，但是並沒有任何說明；行駛中的畫面則因為光線太暗，只能勉強看到商品的剪影，表現手法相當前衛。

而且旁白從頭到尾都是英文發音，儘管畫面下方有中文字幕，但完全沒有提到商品：

「當別人感到疑惑，你看得更清楚，你有自己的速度。

不被別人的標準滿足，你挑戰跟隨自己的目光，不斷前進，當昨日已被甩下。

懷疑的眼光，也會成為眼前的喝采，追隨著你的未來。

持續領先，不斷超越，改寫規則。

Gogoro S Performance
衝出未來篇

FUTURE NOW，衝出未來。」

簡單來說，影像和廣告詞不過都只是要表達擺脫現況這個抽象概念。

至於二〇一九年Gogoro 2 Rumbler的廣告，甚至只在激昂背景音樂的襯托下，快速閃過商品的局部特寫、狂吠的猛犬以及在雨中奔跑的男子，接著出現應該是關鍵字「閃開」和商品名稱。沒有任何廣告詞或旁白。

換言之，這些廣告的目的，只在於將「Gogoro的商品是前所未有、充滿挑戰性的全新類別」的概念植入人心。他們的策略應該是想先從洞察時代趨勢的創新族群這邊博取好感，再逐步拓展至一般大眾。

只不過，後來似乎也出現了說明型的廣告。PGO電動車二〇二一年的廣告，描述一位年輕媽媽載女兒上鋼琴課、到咖啡廳放鬆和購物等等，並在畫面裡插入舒適沙發級坐墊、LED魚眼頭燈、超省力中柱和USB充電插孔等說明文字。

另外，在二〇二〇年山葉EC-05的廣告當中，三位使用者騎著商品，在讓人聯想到電影《銀翼殺手》的大都市裡高速奔馳，藉此宣傳ABS煞車、智慧鑰匙卡和冰川灰等商品特色；而加長版的廣告則特地用文字表示目標客群，如都會質男、潮流女大生和疾速快遞等等，看起來格外有趣。

除此之外，Gogoro 和山葉的電動機車廣告，還從二〇二〇年左右增加「把電池從車上拆下來，拿到街上的充電站充電」的橋段，反映電動車的相關設備也在持續普及。看來我應該可以期待下次去台灣時，不會再聽到那麼多機車的噪音了吧。

◉日本的機車存在感薄弱

那麼，日本的情況又是如何呢？

首先，我要先告訴各位一件簡單的事實：在現代的日本，機車的廣告少得可憐，甚至可以說幾乎看不到。少到我當初覺得這樣根本無從比較，而猶豫著到底要不要介紹機車廣告。

不過，我找出為數不多的廣告觀察後，發現了一個有趣的現象。

舉例來說，二〇一八年，日本本田（HONDA）製作了一支機車的形象廣告。背景配樂是深受年輕人喜愛的搖滾樂團 ONE OK ROCK 的歌曲。舞動的人體、火焰、海浪、破碎的冰花、天氣變化和岩漿等刺激性的影像一個接著一個閃過，還有時速錶和引擎聲等穿插其中；在長著翅膀的人出現後，則是一個人騎機車馳騁於荒野的畫面，讓人聯想到前述 Gogoro 的廣告。

然而，旁白的內容卻完全不同：

「那台機械思考著關於人類的事。
人類的知性、野性和感性都尚未被完全開發。
他們的五感還能再鍛鍊得更加敏銳。
比方說，應該有讓身體暴露在大氣之後，才會覺醒的某種才能吧。
我想更了解人類——他這麼想著。
那台機械看起來好似人體的一部分。
他試圖成為拓展人類可能性的『翅膀』。
他名為，機車。」

日本 HONDA
Go、Vantage Point.

簡單來說，這段旁白是在從根本定義「何謂機車」，而且並未提及實用面的優點，而是使用覺醒、拓展人類可能性等字眼，彷彿是在描述第一次碰到火的原始人；而把機車擬人化的做法甚至增添了一點奇幻色彩。

這支廣告的目標客群應該是年輕男性。另外也有提供給年輕女性的版本，例如本田二〇一七年的其中一支品牌廣告。

三名女大生來到日本國內某個位於山裡面的觀光勝地，其中一人（堀田真由）看到騎車經過的三位女性之後嚇了一跳，驚訝得像是第一次知道世界上有這種東西。後來，她從公車上看到剛才那些女騎士，在一間氣氛絕佳、但附近沒有公車站牌（也就是不騎車就很難到達）的茶屋休息，因而對機車產生憧憬。

我再介紹幾個其他廠牌的廣告。

日本山葉從二〇一四年開始為採用新機構ＬＭＷ（Leaning Multi Wheel）的機車打了好幾年的廣告。這種機車有兩個前輪，除了不容易傾倒之外，行駛中的穩定性也比較高（台灣光陽在二〇二〇年也推出了搭載相同機構的車款）。二〇一八年的廣告由人氣演員齋藤工代言，透過機車在杳無人煙的山路上奔馳的畫面，塑造高規格和高機動性的形象。

不過，ＬＭＷ機車在發表當時的廣告時卻有著截然不同的內容與風格：前AKB48成員大島優子看見商品，驚訝地大喊：「這是什麼——!?」接著對觀眾說：「要去考個駕照嗎？」翌年的廣告則描述考到駕照，成為ＬＭＷ機車騎士的大島優子，把商品推薦給人氣演員菅田將暉。

我猜，廠商當初應該是想用安全性和耳目一新的外型，吸引沒有在騎車的年輕族群，但是並沒有獲得迴響，所以才把目標換成原本就是機車族的客層吧。

而山葉的商品也包含傳統的速克達和電動機車，至於沒有幫它們打廣告的原因，會不會是因為覺得難以發展出大量需求呢？順帶一提，四大機車廠牌的另外兩家——KAWASAKI和SUZUKI，至少我在二〇二〇年的幾年間，沒有看到推出機車廣告。

這代表對大多數的日本人來說，機車是距離他們非常遙遠的交通工具。

◉老人才騎機車？

根據我在網路上查到的資料，台灣的機車持有率是每一百個人當中有六十五・三人持有，反觀日本則是九・五人，大約相當於台灣的七分之一（皆為二〇一一年的數據）。台灣的機車車海讓我震撼不已，可是來日本旅行的台灣人，會不會反而因為機車太少而無所適從呢？

其實台灣的這個數字名列世界第一，其次的馬來西亞和越南則是每一百人有四十八人左右。另一方面，日本的九・五人也不算特別少，歐美有許多國家落在二～九人之間，比日本多的只有義大利和瑞士。

可是，看看現在的日本街道，汽車難以通行的狹窄巷弄還是很多，停車位也一位難求，即使有更多人選擇騎機車也不足為奇；再加上日本的機車廠商大量出口到東南亞國家，供給能力應該也很高。既然如此，為什麼機車在日本國內的存在感卻這麼低呢？

其實，日本的機車需求在不同年齡層之間差異甚鉅。

根據日本汽車廠商組成的同業團體——自動車工業會二〇一五年的數據，在日本購買機車的人，有六十二%超過五十歲以上，消費者的平均年齡為五十二．七歲；二、三十多歲所占的比例則分別是六%和九%，騎機車的高齡者壓倒性地多。如果年輕人能夠對機車有多一點興趣，將其用於通勤或日常生活，就算無法與台灣相提並論，應該也可以達到每一百人當中有二十人左右的普及率吧。

◉ 機車從青少年文化消失的歷史

為什麼日本的年輕人不愛騎機車呢？這種情況恐怕與過去的歷史息息相關。其實在一九八〇年代，日本掀起了一股機車熱潮。以創立於一九七八年的「鈴鹿八小時耐久賽」為契機，年輕男性開始對機車產生興趣，看準這股商機的廠商紛紛卯足全力進行開發，除了四〇〇cc、二五〇cc和一二五cc之外，還推出了十六歲就可以考取駕照，被稱為「裝了原動機的腳踏車」的五〇cc機車和速克達等多種車款。

從八〇年代到九〇年代初期，日本也有很多機車和速克達的廣告。與現在的台灣廣告不同，這些廣告沒有針對目標客群、使用場合和功能的詳細解說，大多是請知名藝人在機車旁邊發揮演技，或者單純讓他們騎車而已。也就是說，透過這種形象型的廣告也能達到宣傳效果。

一九八〇年 YAMAHA 的廣告，爵士音樂家渡邊貞夫向一位工地工人炫耀自己的速克達：「不錯吧？這台車。」而一九八二年 SUZUKI 的廣告，竟然請到麥可·傑克森在商品旁邊展現華麗舞技。很多在這些廣告的全盛時期愛上機車、成為機車族的年輕人，就這樣從當時一直騎到現在，拉高了高齡者的機車普及率。

與此同時，和機車的流行呈現一體兩面的「暴走族」強勢崛起。十到二十幾歲的年輕人組成車隊，在路上超速或危險駕駛，或是拆除機車的消音器，發出震耳欲聾的引擎聲一路狂飆，不但對住在道路旁的居民造成困擾，還威脅到其他駕駛的人身安全。我在本章開頭提過，有些日本人看到成群結隊的機車會覺得有點害怕，原因就是會聯想到這些人。

然而，當時也有不少年輕人很崇拜暴走族，促成許多以機車或暴走族為題材的漫畫及歌曲問世。

而後對這股風潮的危機意識引發了「三不運動」。一九八二年，全國高等學校ＰＴＡ聯合會[1]決議，在全國高中推行不讓高中生考駕照、不讓高中生騎機車、不讓高中生買機車等三項方針。

聽說某個縣還會發送寫著這些注意事項的傳單給即將入學的準高中生：

高中生活不需要機車。

・一旦發生事故，有可能會失去寶貴的生命。

・因事故所產生的賠償責任，對高中生來說難以負擔。

・請各位認真參與課業、社團、班級和校內活動，親身體驗高中生活所帶來的熱情感動。

而且還在《機車事故賠償案例》當中寫到：以上班族的平均年收入來算，一億日圓的賠償金，要花二十年以上才付得完。讓人看了怵目驚心。

不難想像機車因為三不運動，與「可怕」和「不良少年的交通工具」等負面

1 ＰＴＡ（Parent-Teacher Association）：由每間學校的教職員及監護人組成的團體，為保護學生健全成長而進行發言或活動。

形象畫上等號，導致想騎機車的年輕人大幅減少。該運動並沒有全面獲得行政單位的支援，而是由各個自治團體獨立應對，不過一般都有很強的約束力，據說有些地方直到現在都還在繼續施行。

接著，日本在九〇年代結束泡沫經濟期，陷入長期的經濟蕭條，父母親因為口袋空虛，不再有餘力為了實用以外的目的幫孩子買機車，也是造成需求降低的原因之一。

再加上家用遊戲機的普及導致電玩文化滲透，以及從八〇年代後半興起的樂團熱潮引發樂器演奏大眾化，這些原因都讓年輕人的興趣走向室內，使機車逐漸遠離他們的生活重心。

◉台灣與日本的機車教育廣告

在這種情況之下，前面像是在解釋何謂機車的本田形象廣告，似乎正代表了使出渾身解數，想提升年輕族群需求的廠商心聲。

而本田在二〇一八年發表的另一支廣告也引發了不少話題。

位於日本南部的離島——種子島的鹿兒島縣立種子島高等學校，由於公車路線規劃不便，校方允許住得比較遠的學生騎機車通勤，因此很多學生都是騎本田的暢銷產品——五〇 cc的 Super Cub 上學。本田用這件事作為題材，以「向愛用自家產品的高中生表達感謝」的名義，將學生們騎車上學以及享受校園生活的模樣拍成廣告。這支影片原本只在該校的文化祭上播出，在網路上傳開之後，才透過 YouTube 掀起話題。

這支廣告並沒有將機車塑造成拓展人類可能性的機械，也不是讓人充滿夢想或憧憬的交通工具，而是日常生活不可或缺的重要「夥伴」，完全沒有任何「不良」的形象。在網路上傳播增加了年輕人的觸及率，或多或少有助於提升機車的形象。若能以這種方式循序漸進地逐步耕耘，或許有機會改善大眾對機車的漠視和負評，讓機車再次成為與日本人生活密不可分的交通工具。

正當我這麼想著的時候，另外一種類型的台灣廣告卻又讓我在看完之後陷入沉思。這支廣告名為「暖男駕訓班」，是台灣三陽在二〇一七年為速克達 Mio 推出的促銷廣告。

這支廣告的題材是三陽為沒有駕照的女學生所設計的機車駕訓班。年輕帥氣的教練不但細心指導她們如何騎車，還傳授考照秘訣並安排模擬考。裡面當然也不乏女學生誇讚商品的內容，譬如：Mio很輕，很適合我們這種小女生、不會像男生的車又尖又方，比較時尚的感覺、車子上有一個USB孔，非常方便上車充電等等，讓人感受到三陽身為機車廠商所背負的企業責任，是一個非常成功的廣告策略。

我試著搜尋日本有沒有類似的廣告，結果真的被我找到了。本田的品牌廣告「我喜歡機車」系列，在二〇一五年的版本中，一個外表看來超過二十五歲的年輕女性，在駕訓班努力提升騎車技術，成功考到駕照之後，和另外兩個先考到駕照的朋友一起騎車出遊。這支廣告將考上駕照描述成夢想成真。

不過，她騎的是四〇〇cc的重型機車。在廣告開頭，她拚命想要扶起倒在地上的機車，途中還因為無法順利通過「一本橋」[2]而垂頭喪氣。相較於暖男駕訓班，這支廣告的主軸更像是「克服困難」。

2 比地面高幾公分的直線道路，相當於台灣考照項目中的直線平衡駕駛。

後來在二〇一九年，日本山葉舉辦了平成出生者[3]限定的青年駕訓班，影片記錄三十歲以下的青年接受同年齡層的教練指導，參加安全駕駛的講習以及路上訓練的過程。與暖男駕訓班的最大差別，在於授課對象都是已經有駕照的人，而不是以增加機車的使用者為目的。

如果日本的機車廠商真的有心要打入年輕族群的市場，鎖定在日常生活中會用到速克達的高中生或大學生，把心力放在門檻較低的使用者不是會比較好嗎？

然而，我不得不認為這是一件「不可能的任務」。如果在現代日本播出這樣的廣告，有些家長或自認是家長代言人的人可能會大力反彈，以「不要引誘小孩騎乘危險交通工具」為由批判廠商；萬一事情在網路上燒起來的話，廠商很有可能會被迫道歉。

看來，日本社會似乎非常反對需要大人監護的年輕人從事「危險」行為。

3 平成：日本在一九八九年～二〇一九年所使用的年號。「平成出生者」指的是在二〇一九年未滿三十歲的年輕人。

◉排斥風險教育的日本社會

讓我產生這種感受的例子不勝枚舉，而性教育就是其中之一。

根據二〇一七年日本性教育協會的調查[4]，日本學生有過性經驗的比率，大學生是男生四十七％、女生三十六．七％；高中生是男生十三．六％、女生十九．三％，就連國中生都高達三．七％和四．五％左右，並沒有少到足以忽略。然而學校和家庭對性教育的態度卻非常消極，相關課堂的時數也少得可憐。結果導致年輕人經常根據社群網站或網路上的錯誤資訊「實踐」性行為，從而引發許多社會問題。

除此之外，關於金錢方面的教育亦是如此。

日本社會將談論金錢視為禁忌，認為這種行為「很低俗」，而且把投資當成賭博依然是現在的主流觀點。甚至還有不少父母親不願意和孩子討論關於金錢的話題。而這種傾向同樣存在於教育界。根據日本證券業協會在二〇一五年的調查，經濟或金融相關課程的授課時數，就連高中也有七～八成是一年中上課不到

4 一般財團法人日本兒童教育財團內 日本性教育協會〈第八回 青少年的性行動調查〉。

五小時的，這點時間根本不可能讓學生們真正學到什麼。

近年來，終生雇用制的消失以及年金制度的財源不足備受矚目，人們對累積資產的關注提高，認為有必要提供相關教育的意見越來越多，然而教育現場的反應卻相當遲緩。

另外，年輕人對政治漠不關心的情況也十分顯著，但是成年人也有同樣的傾向，也許背後存在其他影響因子，故此處暫且不提。

儘管讓孩子遠離危險天經地義，但既然遲早會在社會上遇到，就必須及早開始做好準備，這也是教育的其中一項重要職責。可是，日本的教育體系在這方面卻漏洞百出，讓孩子們在毫無準備的情況下，一成年就馬上遭遇性、金融和駕照的問題。這樣的落差該如何解釋呢？

◉大人自私自利的心理

我從一句話裡得到了線索。「吵醒睡著的孩子（寝た子を起こす）」是一句

日本的慣用語，意思是刻意重新挑起好不容易平息的事端，把問題鬧大。聽說對校園性教育採取批判態度的人們經常引用這句話，意即他們主張性教育會煽動孩子對性的好奇心，誘使他們過早從事性行為。

「不要吵醒睡著的孩子」也可以解釋成過了頭的關心，也就是所謂的過度保護，而從這句話背後，還可以解讀出大人內心更加自私的想法：

一是對年輕人缺乏信賴——因為不知道他們會闖什麼禍，所以必須讓他們遠離危險；另一個是逃避麻煩的心理——想要盡可能用最省事的方法解決問題。

因此，面對危險，比起提供知識、教導應對方法這些「麻煩」，他們寧願選擇不讓孩子知道真相。而若知識不足的孩子在成年後闖了禍，就用比教育更省事的法律罰則來處理。

這種做法也許能減輕大人當下的負擔。但在沒有自覺的情況下逃避施教，難道就不會耽誤孩子的成長機會，甚至讓他們因為無法適應社會而喪失自信嗎？

這樣的聯想或許有點牽強，但我就是覺得，日本的機車廣告似乎在刻意規避社會上的某些敏感話題。

汽車——

要追求更好，還是享受當下？

◉台灣的汽車行駛在外太空

老實說，我從來沒開過車，對汽車也不甚熟悉，因此研究汽車廣告著實是一大工程。

首先，光是琳琅滿目的汽車種類就已令人眼花撩亂；再加上細查之後，我被不同車種和價位間的差別吸走了注意力，差點忘了台日比較這個主題。

因此，我決定以同商品在同一時期的廣告作為比較重點。但是因為有些車款

只在台灣或日本販售，有些則是同一款車卻有兩種名稱，導致我在搜尋比較材料時費了不少功夫。除此之外，比較對象排除了跑車、商用車和電動車這些我在撰稿當下比較少見的車種。而告知促銷活動或只在網路上播放的發表會相關影片，是在看過商品廣告之後才會看到的內容，故也不列入比較的範圍。

第一個要介紹的的廣告是 TOYOTA 的 COROLLA ALTIS。

二〇一九年的台灣版廣

告，開頭是天上懸著兩顆巨大星球的荒涼大地（所以是在地球之外的某顆行星上？）。地面上有一台車（廣告商品），伴隨著震耳欲聾的引擎聲開始前進，撼動了大地。它將大海一分為二，穿越巨大的雷雲下方，即使遭到暴雨侵襲也不畏前行，所經之處成為道路，周圍有高樓和樹木拔地而起，最終形成一座綠意盎然的都市。這支影片應該是從廣告標語「撼動風雲，創世登場」得到靈感，展現了強大的行駛性能。我不記得最近有看過類似這樣的汽車廣告，一不小心便看得津津有味。

同一時期，日本 COROLLA SPORTS 的廣告內容卻是普通的地球人在悠閒地開車兜風，舞台當然是在地球。

二〇一八～二〇一九年的廣告找來二十幾歲的人氣演員菅田將暉和中條彩未演出，兩人沿著開闊的蜿蜒山路開車兜風，一起合唱曾經紅極一時的流行歌曲。二〇二〇年 COROLLA TOURING 的廣告，一樣是菅田將暉載著 MINAMOTO 搖滾樂團的成員，一起唱歌、兜風。

台灣版是科幻片般的異世界；日本版則是平凡無奇的日常生活。在同一時

TOYOTA
COROLLA ALTIS
台灣版

TOYOTA
COROLLA TOURING
日本版

期，同樣都叫做 COROLLA 的汽車，廣告給人的印象卻如此天差地遠。這只是偶然嗎？還是所有廣告的共通傾向呢？

◉桌球夫妻的名流感與渡邊直美的庶民感

TOYOTA 的轎式休旅車 SIENTA 近期在台、日推出的廣告都以日常生活作為主題，但呈現的生活水準卻差異甚鉅。

二〇一九年的台灣版廣告，登場人物是桌球選手江宏傑與福原愛這對夫妻（現已離婚），他們一起載女兒（大概是小童星）到幼稚園上課，再回到宛如山間別墅的家。在過程中介紹環景影像補助系統、防碰撞補助系統等安全性能。

吸引我目光的，是自然出現在廣告裡的幼稚園、鄰近房舍和他們家的豪華外觀。廠商或許是想用世人憧憬的「明星夫妻的名流日常」，藉此強調商品的高級品質。不過廣告並沒有用到任何誇張的表現效果，反而讓高雅的形象更為突出。

另一方面，二〇一八年的日本版廣告，代言人是搞笑藝人渡邊直美。她穿著宛如角色扮演的華麗服裝，用誇張的表情和動作演出與汽車的日常生活——在超市買完東西的她，把沉甸甸的購物袋當成啞鈴上下舉動；和朋友開車出門的她，把車停靠在路邊，和其他人一起吃甜食、聊天；從學校或補習班接小孩下課的她，和小孩一起坐著車，在回家路上大聲歡唱。

這些畫面搭配流行曲風的廣告歌：

購物也像健身房，提升日常生活的 SIENTA。
等待變成咖啡廳，提升日常生活的 SIENTA。
接送堪比嘉年華，提升日常生活的 SIENTA。

歌詞中的「提升日常生活的 SIENTA（ふだんをアゲるシエンタ）」是這支廣告的標語。

不過，千萬不要把這裡的「提升（アゲる）」當成追求高級感的意思。這個混用了平、片假名的表達方式，據說是出自二〇一〇年左右的少女雜誌模特兒，有讓心情 High 起來的意思。所以提升的不是生活品質，而是單純的情緒感受。

誇張的演出以及五彩繽紛的建築布景，也更像是要傳遞開心度過單調日常的庶民處世哲學，而不是為了營造高級感。

看到這裡，我覺得台灣廣告似乎是在呼籲使用者「超越現實」；日本廣告則是要使用者「享受現實」。

◉「提升自我」與「做自己」

我們再比較一下廣告的台詞。比方說，HONDA 的 SUV CR-V，台日雙方的廣告旁白都像是在闡述某種人生觀。

首先介紹二〇一九年的台灣版廣告。畫面中的情侶和帶著小孩的夫妻愉快地開車出遊，旁白說：

去吹沒吹過的風。
去踏沒踏過的水。

去見沒見過的風景。

去超越、去體驗、去經歷。

前進，前所未見，CR-V。

去超越、前進和前所未見，這些台詞的確有超越現實的意涵，由此衍伸出前述 SIENTA 的名流生活，或 COROLLA ALTIS 裡撼動風雲的世界觀也不奇怪。

而二〇一八年的日本版廣告，描述的則是各式各樣的人們享受日常生活和休閒時光的模樣。例如：在馬路上跳舞的上班族；穿著、打扮時髦，開著車的八十多歲老奶奶，以及衝浪的穆斯林女性等等。與此同時，旁白大篇幅地為今後提出全新的人生觀：

工作吧！不，多玩一點。

趕快長大！別忘了你的少年初心。

有人說以前很好，但也有人說現在很棒！

誰說的才對？誰說的都對！

對不同事物抱持興趣，隨心所欲地變換方向。
放開心胸（OPEN MIND），這才是從今往後的動力。
不能做的事，其實沒有你想的那麼多喔！

OPEN MIND VEHICLE　HONDA CR-V。

最後再用字幕插入廣告標語：「抱歉，我去去就回。」

與台灣版之間比較明顯的差異，應該是「對不同事物抱持興趣，隨心所欲地變換方向」這個部分吧。不說前進，而是說「去去就回」，以及「以前很好，現在也很棒」和「OPEN MIND」這些關鍵字，都表達了不是要超越，而是要「享受」當下的態度。

我們再來看到 MAZDA 的 SUV CX-30 的廣告。二〇一九年的廣告，台日雙方使用相同的片源，想要傳遞的訊息也都是提供與使用者的人生哲學最契合的車。然而，雙方對於「契合」的解釋卻呈現兩極。

台灣版：

想像，一台和你最契合的車，
能帶你前往，最超乎預期的目的地，
那裡，也許就是，能讓你盡情展現自我的未來。
ALL NEW MAZDA CX-30，歡迎親臨感受。

日本版：

誕生，MAZDA CX-30。
太大，便無法冒險；
太小，便無法作夢；
剛剛好，現在坐起來最舒適。
最契合我們的SUV。
MAZDA CX-30誕生，美麗奔馳。

對於何謂「和你最契合的車」這個問題，台灣廣告的回答是「能帶你前往，最超乎預期的目的地」；日本廣告的答案則是「剛剛好」適合我的車。看完各家車廠的廣告，我覺得可以歸納出這樣的結論：汽車在台灣被視為追求進步的象徵；在日本則是享受現狀的工具。

前面說過，台日雙方用的是相同的片源，但其實兩者的剪輯方式大不相同，因此給人的印象也相差甚遠。台灣版是上班族的先生和太太夢想開間餐廳的短篇故事，車子只有在太太開車時出現了短短幾秒鐘；反之在日本版，汽車的行駛畫面占了大半篇幅，男女主角只出現了三次，每次都只有兩秒左右，絲毫沒有故事性。台灣版強調的是展現使用者的理想未來，而日本版純粹只是在展示商品。

◉具體的台灣廣告，抽象的日本廣告

接著，我們再看看商品的宣傳手法。

二〇一九年 MITSUBISHI ECLIPSE CROSS 的廣告就是一個典型的例子。由於台灣的廣告版本眾多，以下挑選在影像表現上和日本差不多的版本來進行比較。

台灣版以「二〇一九年式進化登場」的日文字幕和旁白作為開頭，用汽車行經各處（北海道稚內港的防波堤、積水的平面道路和高速公路）的畫面，搭配1.5T缸內直噴渦輪引擎、S-AWC超能全時四輪控制系統等字幕。

廣告後半段切換成汽車的電腦動畫，展示倒車入庫的影像和精密的轉彎控制功能，加上卓越型以上，搭載環景影像功能；2WD全面升級，AYC主動式彎道動態控制等說明。這樣的內容就好比一場商品發表會，具體的性能、功能都和商品形象一樣做到充分的宣傳。

日本版則是將台灣版前半段所使用的影像重新編輯，紅色的車體戲劇化地從漆黑的空間中緩緩浮現（台灣版則用於後半段介紹安全性能的部分）。而廣告後面和台灣版一樣，承接汽車的行駛畫面。

只不過，日本版中間並沒有旁白或字幕，只出現「隨心所欲，隨意所至」這句形象標語，完全沒有對性能和功能進行宣傳。

其他日本廣告也多半不會強調商品特色，而是以能打動使用者內心情緒的抽象標語作為主軸。例如：

「懂得珍惜的人的（車）。」（HONDA SHUTTLE，二〇一九年）

「賦予你貨真價實的自由的車。」（SUBARU XV，二〇二〇年）

「被喜歡的事物淹沒吧！」（TOYOTA RAV 4，二〇一九年）

這些廣告的旁白或歌詞都沒有強調性能、功能等客觀特色，只能從汽車行駛的畫面略知一二。

◉台灣人想要「證明」

這個差別也可以用前述的「對汽車的不同看法」來說明。

如果汽車在台灣被當成追求進步的象徵，那麼使用者對汽車的期望，便是具備與下一階段的自己相襯的品質，以及足以讓旁人一目瞭然的炫耀方式。因此，在廣告裡優先宣傳數據或性能是很合理的做法。

順帶一提，台灣有不少主打安全的廣告，當中也不乏結合追求進步的例子。HONDA的轎式休旅車ODESSEY在二〇一八年的廣告旁白如下：

當你擁有要用一輩子去守護的人，你就擁有幸福。

在畫面裡，一家人正在出遊回家的路上，開車的是男性，其他家人坐在副駕駛座和後座休息。最後五秒的內容則和前面介紹的ECLIPSE CROSS的廣告一樣，用電腦動畫展示幾個行進中的防護功能，結合安全性與追求人生進步的意象。

另外，在NISSAN X-TRAIL二〇一九年的廣告中，一名少女乘著飛行傘翱翔天際，她的父母在地面上驅車追趕。影片搭配的字幕如下：

安全，是為了什麼？

為了讓你凌空而起。

更為了讓你凌駕恐懼。

因為，有了安全才能冒更大的險。

凌空而起、凌駕恐懼以及冒更大的險，也會讓人聯想到在人生或工作上所面臨的挑戰，因此也可以解釋成：正因為有了安全的保障，才能追求更高、更遠。

不過，台灣汽車廠牌 LUXGEN 的廣告，內容基本上都與超現實或超越有關，但比起追求進步，有更多是歡樂逗趣。例如：一家人在坐上車後瞬間變身，換上充滿未來感的服裝（S5 GT／GT225，二〇一九年）；在籃球場上沿著用籃球排成的 S 型路線前進，展現自動駕駛的性能（S3，二〇一八年）；或是靈活閃避突然出現的恐龍，最後成功逃脫（U5，二〇一八年）等等，都是日本車廣告所沒有的創意。這或許是 LUXGEN 身為國產車，強調親民的宣傳策略吧。

◉日本人想要合乎心意的車

日本人當然也很看重與價格相符的性能和功能，但是基於某些原因，廠商並不需要特地強調這些資訊。

日本車在日本的市占率壓倒性地高，而且日本人基本上都對國產車很有信心，認為每個廠牌做得都不錯，同等級或同價格的產品，性能應該也不會差太多。而廠商這邊也對使用者的喜好和市場的流行趨勢相當敏銳，各家廠商幾乎都會在同一時期搭載類似的功能。

也就是說，日本絕大多數的使用者，是在性能和功能幾乎一模一樣的前提下挑選汽車，如此一來，「乘車者的感受」這個主觀要素自然成為挑選的重點。再加上汽車在日本不被視為追求進步的象徵，而是享受現狀的工具，所以不必向人炫耀，只要自己覺得好便足夠了。

HONDA的轎式休旅車FREED（截至二〇二一年尚未在台灣上市）的廣告正是從使用者的主觀感受來闡述產品的優點。這個系列始於二〇一五年，每次的內容都略為不同。

影片的呈現手法以汽車廣告來說相當少見——無數的使用者評價在畫面裡交織羅列，形成宛如街道般的空間，或是代言人開車行駛其中，或是不同顏色的商品像縮時攝影一樣高速移動。

以下節錄二〇二〇年和二〇一九年版的評價內容：

「每天接送小孩都靠它。」

「有車真好～」

「不需在意天氣，想出門就出門！」

「這樣每天都會想開車耶。」

「感覺會更常和家人一起出去玩！」

「真是太方便了！」

每一個評價都沒有解釋「這些優點從何而來」，台灣人看了搞不好會覺得一頭霧水？其實我自己也不太懂這些評價想要表達什麼。不過，平常有在開車的日本人，應該可以比照自己的駕駛經驗和日本的汽車現況，推測出有什麼性能、結構或特色吧。

HONDA另一款ODYSSEY HYBRID在二〇一八年的廣告也是由一人一句

的旁白組成，但是敘述的內容卻更為主觀、抽象。

「結果還是驅車奔馳。」

「知性。」

「興奮。」

「汽車的魅力所在。」

「做自己。」

「瞬間加速。」

「與家人一起無所不往。」

「傾心。」

「淨化。」

「搭檔。」

「好想一直開下去。」

最後出現廣告標語：「ODYSSEY HYBRID，成為你此生難以忘懷的車。」

補充一下，這支廣告裡也有出現「HONDA SENSING 標準裝備」「3mode

POWERTRAIN」「SPORT HYBRID dimmed」等宣揚功能的字幕，可是只有提供英文名稱，完全沒有加以說明。也許廠商是認為，這些內容沒有優先到需要在廣告裡解釋清楚吧（台灣廣告大多都有補充說明，例如「HONDA SENSING智慧安全主動防護系統」等等。）

◉關於日本特有的「輕型車」

在這裡，我們不得不提到日本特有的車種——「輕型車」。畢竟它日本擁有四成的市占率，存在不容小覷。

輕型車是指排氣量在六六〇cc以下，體型比較小的汽車，起初在一九五〇年代作為經濟實惠的大眾交通工具正式量產，因為低廉的價格、稅金和燃料費，以及適合穿梭狹小巷道的便利性而廣受歡迎。

廣告的數量當然也很多，但是內容和前面介紹的汽車（在日本稱為「普通車」）大相逕庭。

以年輕家庭（參考基準是三十～四十幾歲的夫妻，並擁有一～二位未滿十二歲的子女）為目標客群的車種大多主打性能或功能，因為他們對汽車提升生活上的便利性有很嚴格的要求。

SUZUKI 的輕型車 SPACIA 從二〇一七年開始推出的系列廣告，透過四人家庭的日常短劇來宣傳商品的各項功能。

比方說：交車當天，孩子們跑到車子旁邊大喊「開門！」站在後面的母親就「用遙控器打開車門」；出遊時，四～五歲的小孩「站著跑下車」，突顯車內高度充足；行進中，「指引方向的箭頭和剩餘距離會直接顯示在擋風玻璃」，而非導航螢幕。

為了讓觀眾直接理解並留下印象，在需要說明的地方會加上字幕；普通車則不會做到這種地步，通常只會展現和樂融融的家庭氣氛（例如父母看著孩子在車內嬉戲，玩累睡著等等）。

有鑑於 SPACIA 的超高人氣，SUZUKI 在二〇二〇年找來佐藤二朗、蘆田愛菜和寺田心等知名演員代言，推出新的系列廣告。

SUZUKI SPACIA
（2020 年）

各大廠商鎖定年輕女性市場所推出的廣告也相當用心。宣傳手法大致可以分成兩種方向：一種是以「年輕女性不擅長開車」為前提，主打操作簡單和輔助功能；另一種則較少提到性能或功能，強調的是設計感和顏色。

這些廣告經常由具有天后級知名度的年輕女星代言。在 DAIHATSU MIRA TOCOT 的廣告（二〇一八年）中，演員吉岡里帆飾演《櫻桃小丸子》的主角，演出二十二歲的小丸子考到駕照的迷你短劇。另外還有廣瀨鈴（SUZUKI WAGON R，二〇一七年～）以及高畑充希（DAIHATSU MOVE，二〇一六年～）等等的例子。

此外，還有一些廣告用充滿魅力的假期時光吸引年輕男女客群。在 HONDA N-ONE 的廣告（二〇二〇年）裡，年輕人開著車，穿梭在大阪和京都古色古香的街道上，享受購物和美食的樂趣；而 SUZUKI HUSTLER（二〇二〇年）以及 DAIHATSU TAFT（二〇二〇年），則是呈現他們從事戶外活動的模樣。

輕型車的定位也許很類似台灣的機車。正如我在前一章所述，日本目前四十歲以下的機車族，不論男女都非常稀少。這或許是因為他們都選擇了相對便宜又方便在巷弄裡穿梭的輕型車吧。

◉「時尚」vs.「動畫」的歐洲車

歐洲車的廣告一樣可以用「台灣：追求進步／日本：享受現狀」解釋其中的差異，但表現手法力求創新，讓我覺得格外有趣。

台灣 BENZ B-CLASS 二〇一九年的系列廣告，標語是「大可以做自己」，同年的 BMW 1 則是「THE 1 AND ONLY 有種不同」。雖然不是日本車那種強調追求進步的老派作風，但兩者都在表達某種人生哲學。

廣告的呈現上帶有時裝品牌般的時尚感和趣味性。BENZ B-CLASS 用女性纖長的假指甲、鑲了鑽石的牙套、色彩鮮豔的襯衫和西裝外套吸引觀眾的目光，介紹「MBUX 智能聲控功能」、「鑽石型水箱護罩」與「個人化功能」；BMW 1 則用重節奏的音樂搭配女性愉快開車的畫面，宣傳「自動倒車輔助」、「智慧語音助理」以及「動態駕馭表現」等性能。

另一方面，這些廠商同時期的日本版廣告，竟然由動漫角色代言。

日本 BENZ A-CLASS 的廣告用影像展示車內和車外，並由《七龍珠》的孫悟空、《機動戰士鋼彈》的夏亞和《名偵探柯南》的柯南擔任旁白，他們或是對汽車讚不絕口，或是向車搭話說「嗨，賓士（Hi, Mercedes.）」宣傳智慧聲控功能。

BMW 1 的廣告主題誕生自一九六〇年代，至今仍深受喜愛的搞笑漫畫《天才妙老爹》。廣告用外國模特兒重現漫畫人物，搭配早期的美國漫畫風格，雖然未必有呈現出符合價格的高級感，但衝擊力道十足。

這支廣告的另一個特徵是以「主婦」作為目標客群，透過「妙老爹家的媽媽」開車的畫面，介紹可以原路倒車五十公尺和路邊停車的自動功能，這意味著廠商很重視這台車在現實生活中的實用性。

VOLKSWAGEN 的小型休旅車 T-CROSS 二〇一九年的廣告能發現很有趣的台日對比。台灣版以「何必長大」為標語，向二十~三十幾歲的民眾提出「有本事，就不被規則限制」「受人矚目，也能無拘無束」等不受一般常識束縛的自由

VOLKSWAGEN
T-Cross
台灣版

人生。

這些台詞不同於「追求進步」的世俗觀念——「當人生邁入下一個階段時，車子也必須跟著換成有分量的大型車」，展現了另一種態度。往後應該會有越來越多人對這種世俗觀念產生疑問吧，而對這支廣告的受眾來說，廣告裡的這些想法等於是反其道而行，用自己的方式在「追求進步」。

相對於此，日本版則是用雙關語宣傳商品特色。

以遨遊在大自然的動物以及馳騁於街道的汽車影像作為背景，並用「這個宇宙存在超越想像的故事，這顆星球存在尚未知曉的驚奇……」等台詞烘托氣氛，結果最後的結論竟然是「世界很T[1]」。

我不確定動漫角色和雙關語的廣告是否有助於實際銷售額的成長，也許只能算是廣告製作團隊失心瘋的脫軌嘗試。不過，可以從中看出他們想要達到兼具衝擊性及親切感的意圖。

另外，儘管美國的福特汽車似乎在台灣賣得很好，在日本卻不太受民眾青睞，截至二〇二一年都沒有打過廣告。

VOLKSWAGEN
T-Cross
日本版

1 原文是「世界はTさい」。「Tさい」和日文的「小（ちいさい）」發音相近，藉此帶出小型SUV的特色。

◉ VOLVO 的「高級感」

歐洲車普遍被定位成高級車，然而最積極強調這點的，非 VOLVO 的廣告莫屬。

有些台灣版的廣告用汽車奔馳在讓人聯想到北歐的荒涼大地的影片，搭配以下這些廣告標語：

「I ESTATE, THEREFORE I AM.」（「V60」二〇一九年）

「To be, or not to be. Finally, it's not the question.」（S60，二〇一九年）

是因為我書讀得不夠多，才會不小心聯想到宗教的哲學問答嗎？這兩句話的典故分別出自笛卡爾和莎士比亞，但都不是一看就能明白其中的意思。其實這些廣告是想讓喜歡或崇拜這個品牌的人，擁有「想成為可以理解這些話的人」的目標，刺激他們「追求進步」的心理……這樣解釋好像也不是不行（笑）。

那麼，日本版又是如何呢？VOLVO S60 二〇一九年的廣告影像和台灣版只有剪輯上的些微差異，然而文字內容依舊大不相同。

「不只家人，也考慮到他人的安全的人。

知道何謂設計創新的人。

面對環境問題，不光會擔心，還會採取行動的人。

開 VOLVO 的，就是這種人。」

沒想到廣告竟然對消費者提出成為品牌顧客的條件，而且還是用像家長或老師說教的口吻。雖然的確符合時代趨勢，在以向消費者卑躬屈膝為常態的日本廣告業界，這種「上對下」的廣告台詞實屬難得，可見 VOLVO 作為汽車品牌的特殊地位。

多數日本人認為北歐是很重視環保的「進步社會」，也有不少人對北歐抱持憧憬。日本人有一種會對自己認定的「上位者」表現異常順從的傾向，因此對 VOLVO 品牌忠誠度很高的人，或許會因為這些話而產生優越感，覺得「自己是被選中的人」也說不定。

而這種廣告詞有別於台灣的「宗教哲學問答」，反而讓人意識到現實生活。

順帶一提，日本的VOLVO還會在東京、大阪等都會地區的廣播電台播放短劇形式的輕鬆活潑（說得難聽一點是輕佻浮誇）廣告，感覺和BMW和BENZ的動漫角色廣告有點類似。

◉「體驗型消費」今後會如何發展？

截至目前，我們都在討論從汽車廣告可以看出台灣「追求進步」以及日本「享受現狀」的心理。

不過，其實在日本，汽車也曾經被作為追求進步的象徵。舉例來說，TOYOTA的高級轎車CROWN，就曾經在一九八三年以「總有一天，要開CROWN」這句令人心生嚮往的廣告標語博得好評。順帶介紹一下，二〇一九年的廣告詞則是「TOYOTA史上最讓人開心的車」，變得和其他車款差不多。

在八〇年代的泡沫經濟時期，擁有高級車是男性受歡迎的必要條件（至少當時有很多男性是這麼認為的）；如果朋友當中有誰換了車，大家就會聚在一起熱烈討論車種的話題。在「擁有＝富裕」的時代，汽車扮演了其中一個要角。

這樣的情況大約在進入二十一世紀的時候發生了改變。根據小學館的《日本大百科全書》，日本人大約從二〇〇〇年左右開始使用「體驗型消費」這個行銷用語。

所謂的「體驗」是相對於「物質」而言，「體驗型消費」指的是「並非為了擁有某樣東西，而是以獲得某個特別的時間、體驗、服務或人際關係為目的，進行消費」。當時也流行過象徵這種情況的汽車廣告標語，像是NISSAN的轎式休旅車SERENA，在一九九九年的那句「比起物質，重要的是回憶」。比起「擁有什麼車」，人們開始更重視「用車做了什麼」。

後來，隨著「斷捨離」和「極簡主義」等名詞的出現，代表有越來越多人開始認為「盡可能減少持有物品才能過上舒適且高品質的生活」。人們逐漸不再為了憧憬買車，而是認為有必要才買。

而且最近幾年，台日都出現了「不持有」的消費型態——共享經濟和訂閱制，兩者都是在汽車業界備受矚目的新型商業模式。日本TOYOTA從二〇一九年開始提供汽車訂閱服務「KINTO」。該服務剛推出時，人氣演員松田翔太大言不慚地在廣告裡對著飾演富豪岳父的佐藤浩市說：「『車就要用買的』，您的這種想法已經過時了吧？」而VOLVO也在二〇二〇年推出了開始提供訂閱服務的廣告。

如果非自有車的概念在今後越來越普遍，汽車也許會漸漸成為出遊等短期目的的交通工具，又或者是一種時尚配件。而廣告的表現手法也會繼續推陳出新吧。DAIHATSU的小型SUV ROCKY二〇一九年的廣告，窪田正孝飾演太空人，開著ROCKY探索未知的星球，讓外星人嘖嘖稱奇。這種有別於既往傾向的內容，也可以想成是廠商預測了汽車將會時尚化的趨勢，為搶得先機所做的嘗試。

◉汽車界即將面臨巨大轉型

然而，社會上的趨勢也並非只有一種。日本在進入二十一世紀以後，「年輕人不買車」的情況開始受到關注，儘管大眾普遍同意這種現象是肇因於既有消費心理與生活文化的改變，但近幾年又出現了另一種說法，認為是「因為貧富差距惡化，才導致越來越多年輕人買不起車」。如果是在經濟成長期，人們還可以抱著一線希望：「就算現在買不起車，只要努力一點，將來一定可以買車。」可是現在卻未必如此。

假如這些趨勢繼續發展下去，難保日本的汽車不會變回收入達到一定水準的人才能擁有的「富裕象徵」，並出現像台灣一樣，用奔馳在異世界的汽車宣傳各種規格的廣告。

內行看門道

用懷舊角色鎖定目標客群的策略

由動漫角色代言的歐洲車廣告確實讓我相當詫異，但一方面卻也能夠理解，因為可以輕易推測出會對這些廣告產生反應的是哪些年齡層。

首先，讓我們回顧一下，日本的 BENZ A-CLASS 廣告裡，三位登場人物各自的出處。

夏亞・阿茲納布爾出自《機動戰士鋼彈》，最早在電視上播出的時間是一九七九年，為期約十個月，後來出了續集，至今推出許多動畫、漫畫和電影等各種形式的作品，但夏亞的角色形象在初代作品最為鮮明。

由孫悟空飾演主角的《七龍珠》也深受各年齡層的喜愛，多次推出新作及重製的電視動畫，最早是在一九八四年到一九九五年這段期間，於少年漫畫雜誌上連載的漫畫作品。

《名偵探柯南》從一九九四年開始連載，漫畫和動畫至今（二〇二一年）都還在繼續推出新作。

這些起初都是設計給小學生和國中生（即十～十五歲的孩童）觀賞的作品。換句話說，當初沉迷於這些動畫的小孩，在廣告播出的時間點，都已經是年紀介於三十五～五十幾歲的成年人了。

同樣的，BMW 1 廣告的《天才妙老爹》也在一九七〇年代到二〇一〇年代之間多次動畫化，而人氣最高的版本是在一九七五年到一九七七年播出的第二代作品《元祖天才妙老爹》。這個時代的電視動畫大多都是給小學生看的，因此主要觀眾群在廣告播出時應該已經年屆五十，就算買了價格略高於日本車的歐洲車

（而且是最便宜、最容易入手的車種）也不足為奇。

此外，這些作品的共通點，在於他們都是連這些觀眾的小孩都聽過的長壽作品。一般認為執著於已從社會上消失的動漫作品的人，是過於狂熱的「阿宅」；但若是時至今日仍保有高知名度的作品，也會有不少大人坦率表明自己對作品的喜愛。

尤其夏亞從以前開始就經常被拿來作為專攻成年人市場的行銷手段，因為他不但象徵作品中的「帥氣大人」，還留下許多讓人印象深刻的名言佳句，非常適合用於廣告。他在作品中隸屬於和主角敵對的「吉翁公國軍」，將專屬的軍用有人操縱式人形兵器「薩克」改成紅色塗裝，駕駛它馳騁戰場；而且由於他實力堅強，以別名「紅色彗星」為世人所忌憚。

受到這台紅色薩克的影響，許多企業紛紛推出了冠上「夏亞專用」之名的期間限定商品，譬如 TOYOTA 就曾經在二〇一三年為 AURIS 推出夏亞專用的紅色車款；除此之外，據說打火機、筆記型電腦及信用卡等各種成人會用到的商品都推出過夏亞專用版。

可見只要選對目標客群，知名動漫角色就能擁有強大的宣傳效果，在〈泡麵〉一章提到的高中生版《阿爾卑斯山的少女》和《航海王》的廣告皆是如此。此外，二〇〇八年，大型糖果製造商江崎格力高（Glico）在推出大人口味的巧克力時，也請到當時二、三十幾歲的小栗旬、瑛太和宮澤理惠等人，在廣告裡飾演日本最長壽的電視動畫《海螺小姐》的四個小孩二十五年後的樣子。

不過，不是只有動漫角色才能達到這種效果。

二〇二一年，三井不動產推出了房屋仲介服務「三井 RE-HOUSE」的廣告，由宮澤理惠代言。

其實宮澤理惠曾經於一九八七年，在同品牌的廣告飾演名叫白鳥麗子的國中生，成為她躍升為一線女星的契機。當時十～二十幾歲的日本人（也就是在二〇二一年已經四十～五十幾歲的人。到了這個年齡，有越來越多人會為了配合小孩長大或與父母同住等因素而考慮換屋）應該都對這支廣告記憶猶新。

新廣告有效利用這個設定，描述為人母的白鳥麗子向女兒說明 RE-HOUSE，或是介紹給住在附近的友人。在廣告開播前就已經引起討論。

三井不動產
RE-HOUSE

無論活到幾歲，那些兒時熟悉的動漫角色，都還是會讓我們湧現懷舊之情並抱有好感。我在這裡舉出的作品都來自於日本，但聽說台灣近幾年也有獨立開發的動畫以及武俠布袋戲等優質作品，也許其中的佳作會在幾十年後，成為吸引成年人的廣告代言人也說不定。

後記

把手伸向那些不斷推陳出新又轉瞬即逝的無數廣告

台灣人直率樂觀，喜歡熱鬧，積極向上，內心強韌。雖然大致上是現實主義，但有時又很愛作夢，喜歡哲學思考。看似自由奔放，卻也有著根深蒂固的傳統觀念。喜歡對人生、愛情或未來高談闊論，並且深愛著包含煩惱在內的日常生活。

日本人喜歡用委婉的方式說話，不太擅長面對現實，品味有點幼稚。裝作對別人的人生毫無興趣，有時卻又把「社會」當作盾牌，強迫每個人都要合群。懷抱著普通的希望和夢想，但一到緊要關頭卻又臨陣退縮，並且對生活感到疲憊不堪。

這是觀察了好幾年廣告的我對台日兩邊的印象，不知道和現實中的台灣人、日本人有沒有重疊、符合之處呢？

既然要比較台日差異，或許應該先讀過專門研究台灣及台灣人的書籍會比較好，但我這次並沒有這麼做，因為我看了之後很可能會把可以參考的部分完全照抄（笑）。不過，台灣人的習慣、想法，或是社會的具體情況還是有一些我無法想像的地方，因此我請教了認識的台灣人，或是根據需求，閱讀網路上的文章以及大學、智庫的論文等等。因此，本書可能會有一些資料查得不夠充分，或是誤解其意的地方；當然，也會有我個人因為日本人的身分而產生的觀點偏頗之處。有興趣的讀者不妨親自試試看，在 YouTube 或 Facebook 上就可以找到很多研究材料。

而提到「偏頗」，雖然在後記才說這些有點晚了，但我也很在意自己選來作為題目的商品種類會有所偏頗，例如家電、遊戲、糖果或果汁等等，這些一般大眾所熟悉的各種廣告，本書都並未採用。

由於這些商品種類繁多，我實在無法把他們一一找出來觀察才是真正的原因；而且，其實我也是從感覺有東西可以比較的商品類型開始依序撰稿。不過，完全忽略他們也有點可惜，因此我在部分章節後面的專欄，有稍微介紹一些塞不進內文的廣告。

另一方面，我在完稿之後，又發現了一些有趣的廣告，讓人「相見恨晚」。也許之後會再加以研究，把結果寫在部落格或其他地方吧。

從今以後，廣告會變成什麼樣子呢？唯一可以確定的是，廣告媒體的情況，將會片刻不停地持續改變。

根據日本《朝日新聞》在二〇二一年五月的報導，十～二十幾歲的日本青少年，大約有一半左右沒有看電視的習慣，台灣應該也差不多吧？另一方面，有高比例的中高齡人口，依然是透過電視獲取資訊。因此對年輕人來說，以介紹電視廣告為主的本書，在內容上或許不夠詳盡。

然而，年輕人較常接觸的社群網站或網路上的廣告，會根據智慧型手機或電腦裡的使用者個資，依年齡、嗜好推薦不同的內容，很難僅憑一己之力將它們一網打盡。

除此之外，書籍和報章雜誌會被保存在圖書館裡，但廣告除非是得獎作品，否則根本無從留存；即使偶爾在 YouTube 上看到很久以前的廣告作品，多半也只是某人一時興起的收藏，是無數好運碰在一起引發的奇蹟，讓我覺得非常可惜。在某種意義上來說，廣告是最能真實記錄社會（即該國民眾的思考模式或需求）的資料，儘管有著作權或代言人肖像權等諸多限制，不知道有沒有哪個社會團體或公家機關，可以幫忙把過去所有的電視及平面廣告作品，完整地保存下來呢？唉……我想是沒辦法啦。

因此，我才想在好不容易找到的有趣廣告消失之前，盡可能將它們物盡其用。總之，我先重看一遍統一麵的小時光麵館系列，一邊欣賞台灣風味的人生故事，一邊練習中文吧。

最後，我想謝謝這四、五年來讓我請教、商量各種問題的朋友們，以及責任編輯陳柔君小姐，如果沒有您的熱情、耐心與行動，這本書絕對無法出版成冊，真的非常感謝您。

東京碎片（uedada）　二〇二一年七月一日

國家圖書館出版品預行編目 (CIP) 資料

廣告與它們的產地 : 東京廣告人的台日廣告觀察筆記 / 東京碎片 (uedada) 著 ; 歐兆苓譯 . -- 初版 . -- 臺北市 : 大塊文化出版股份有限公司 , 2021.09
352 面；15×21 公分 . -- （Touch ; 71）
譯自 : 廣告與它們的產地
ISBN 978-986-0777-34-5（平裝）

1. 廣告業 2. 廣告文化 3. 廣告案例 4. 日本

497.8　　110013208

LOCUS